beck'sche reihe

Quantenphysik umgibt uns. Ohne sie gäbe es zum Beispiel nicht die CD im CD-Player, nicht den Laser, nicht den Datenspeicher, nicht das Display, weder den Lack auf dem Kasten, in dem alles steckt, noch das Licht der Leuchtstoffröhre, das den Kasten beleuchtet. Dennoch bleibt uns die Quantenphysik verborgen, spielt sich in einer eigenen Welt ab, der wir nur indirekt über ihre Auswirkungen begegnen können.

Das Buch gibt Einblicke in die Wirklichkeit der Quantenwelt, die anders als alles ist, was wir von der Alltagswelt her gewohnt sind. Es wendet sich an Natur- wie an Geisteswissenschaftler, auch an Studenten, Lehrer und Schüler. Detailliertes Fachwissen in Mathematik und Physik wird nicht vorausgesetzt. Ein Gespräch des Autors mit dem Philosophen und Theologen Hans-Dieter Mutschler über die naturphilosophische Bedeutung der Quantentheorie rundet die Darstellung ab.

Jürgen Audretsch ist pens. Professor für Theoretische Physik an der Universität Konstanz. Im Verlag C. H. Beck ist von ihm u. a. erschienen (zus. mit Klaus Mainzer): *Vom Anfang der Welt. Wissenschaft, Philosophie, Religion, Mythos* (^{2}1989).

Jürgen Audretsch

Die sonderbare Welt der Quanten

Eine Einführung

Verlag C. H. Beck

Mit 27 Abbildungen und 2 Tabellen

Originalausgabe

Gesamtherstellung: Druckerei C. H. Beck, Nördlingen
Umschlaggestaltung: malsyteufel, willich
Umschlagabbildung: © malsyteufel
Printed in Germany
ISBN 978 3 406 57351 4

www.beck.de

Inhalt

* Abschnitte mit einem Stern können bei der ersten Lektüre des Buches überschlagen werden.

Vorwort

Wie wirklich ist die Quantenwelt? Was ist das eigentlich für eine Welt und warum ist sie anders als alles, was wir von der Alltagswelt her gewohnt sind? In den beiden letzten Jahrzehnten sind Experimente mit einzelnen Quantensystemen und wenigen miteinander verschränkten Quantensystemen möglich geworden. Das hat dazu geführt, dass Physiker und Nicht-Physiker neu über die Grundlagen der Quantentheorie nachgedacht haben. Wie ist also die Quantenwelt zu verstehen?

In diesem Buch versuche ich auf zwei Wegen einen Zugang zu finden. Zum einen wird beschrieben, wie sich die Quantentheorie und ihre Wirklichkeitsvorstellungen in das Gesamtschema der theoretischen Physik eingliedern und wie sie von daher plausibel sind. Zum anderen werden Experimente mit einem einfachen Quantensystem – der linearen Polarisation von Photonen – vorgestellt, an denen die Eigenarten der Quantenwelt abgelesen werden können. Die Experimente machen zugleich deutlich, dass auf diesem Gebiet weitreichende technologische Entwicklungen zu erwarten sind.

Mit diesem Buch wende ich mich an Naturwissenschaftler, Geisteswissenschaftler, zum Beispiel Philosophen, Studenten, Lehrer und Schüler, aber insbesondere auch an Leserinnen und Leser ohne detailliertes Fachwissen in Mathematik und Physik. Was zum Verständnis des Inhalts benötigt wird, etwa die Addition zweier Vektoren und ihre physikalische Bedeutung, wird Schritt für Schritt entwickelt. Dennoch ist das Buch keine Unterhaltungslektüre. Die Bereitschaft zum Mitdenken und zur Auseinandersetzung mit dem Stoff ist notwendig, wenn das Hauptziel dieses Buches erreicht werden soll: mit den Grundvorstellungen der Quantentheorie aktiv umzugehen lernen und die verschiedenen Behauptungen über die Quantenwelt, die immer wieder aufgestellt werden, selbst kritisch einordnen zu können. So wird es durch die Lektüre möglich, die sonderbare Welt der Quantensysteme und die Struktur ihrer faszinierenden Wirklichkeit zu verstehen und darüber hinaus am Dialog zwischen Natur- und Geisteswissenschaften teilzunehmen.

Ich möchte mich an dieser Stelle gerne bei denjenigen bedanken, die sich jeweils auf ihre Weise um das Manuskript verdient gemacht haben: Stefan Bollmann, Manuel Brendle, Michael Esfeld, Rafael Ferber, Kerstin Giering, Carina Hahn, Hans-Dieter Mutschler, Regina Oehler, Artur Scherer, Christian Speicher und nicht zuletzt meine Familie.

Dem Center for Applied Photonics (CAP) an der Universität Konstanz danke ich für seine Unterstützung.

Konstanz, im April 2008 — Jürgen Audretsch

1. Einleitung: Warum, wie und für wen?

> Horatio: O day and night, but this is wondrous strange!
> Hamlet: There are more things in heaven and earth, Horatio,
> Than are dreamt of in your philosophy.
>
> William Shakespeare, «Hamlet, Prince of Denmark»,
> 1. Akt, 5. Szene

Quantenphysik umgibt uns. An vielem, was uns im Alltag begegnet, ließe sie sich nachweisen. Ohne die allgegenwärtige Quantenphysik gäbe es beispielsweise nicht die CD im CD-Player, nicht den Laser, nicht den Datenspeicher, nicht das Display, weder den Lack auf dem Kasten, in dem alles steckt, noch das Licht der Leuchtstoffröhre, das den Kasten beleuchtet. Wenn Quantenphysik unseren Alltag bestimmt, warum bleibt sie uns doch verborgen? Sie spielt sich offenbar in einer eigenen, «dahinter» liegenden Welt ab, der Quantenwelt. Wir können ihr nur indirekt über ihre Auswirkungen begegnen, die bis in die Welt unserer Sinne reichen. Aber auch diese Auswirkungen fallen uns nur auf, wenn wir sie richtig einordnen können. Um zu erkennen, dass es Auswirkungen einer Quantenwelt sind, brauchen wir eine Theorie, die eine Verbindung herstellt. Das ist die Quantentheorie.

Damit sind wir bereits mitten im Thema. Handelt es sich um eine Wiederverzauberung der Welt durch die Physik, nachdem die Physik so lange erfolgreich zur Entzauberung beigetragen hat? Gibt es überhaupt so etwas wie eine Quantenwelt mit einer eigenen Wirklichkeit, die bis in den Alltag hinein wirkt? Wie kann man sie beschreiben und verstehen? Das sind physikalische Grundlagenprobleme. Zu ihrer Beantwortung müssen wir herausarbeiten, worin das Besondere der Quantenphysik, verglichen mit der klassischen Physik, besteht. Das wird deutlich, wenn man typische

Effekte mit Hilfe der Quantentheorie erklärt. Indem man die Theorie anwendet, wird man mit ihr vertraut. Aber zuvor sind die Grundzüge überhaupt erst zu entwickeln. Und auch das geschieht mit einem engen Bezug auf Experimente.

Die Quantenphysik mit der Unbestimmtheitsrelation, den Interferenzphänomenen und der scheinbaren Welle-Teilchen-Paradoxie gehört seit langem, wie die Spezielle und die Allgemeine Relativitätstheorie auch, zur klassischen Moderne der Physik. Sie hat überraschenderweise in den letzten 10 bis 15 Jahren eine schnell sich verstärkende Entwicklung durchgemacht, in deren Mittelpunkt das Konzept der Verschränkung steht. Die verschränkten Quantensysteme ermöglichen nicht nur neue verblüffende Experimente und neue theoretische Zugänge zu den Grundlagenfragen der Quantenphysik, sie haben auch ein hohes technologisches Potential. Quantencomputer, Quantenkryptographie bzw. die Quanteninformationstheorie allgemein werden in nicht zu ferner Zukunft unseren Alltag mit bestimmen. Und wieder stellen sich neben der Faszination durch die Quantentechnik die Fragen nach dem Verstehen und der Wirklichkeit dieser um nicht-lokale Phänomene erweiterten Quantenwelt.

Diese Fragen stellen nicht nur Naturwissenschaftler und interessierte Laien, sie stehen auch im Mittelpunkt des interdisziplinären Dialogs zwischen Physik auf der einen Seite und Naturphilosophie, Wissenschaftstheorie, Technikphilosophie und Theologie auf der anderen. Wie kann man von Seiten der Physik diesen Dialog vorbereiten und stützen? Ähnlich wie bei einem Brückenschlag muss man das eigene Brückenteil nicht nur besonders solide, sondern zugleich auch für den anderen erreichbar gründen. Quantentheorie «light» im Plauderton kann amüsant sein und hat ihre Berechtigung, nützt aber für einen ernsthaften Austausch wenig, weil sie den Nicht-Physiker nicht zum Austausch befähigt. Benötigt wird vielmehr eine Elementarisierung der Quantentheorie, die nicht nur die Ergebnisse darstellt, sondern vor allen Dingen in ihren Begründungen *belastbar* ist. Belastbar meint, dass der Leser von den gegebenen Begründungen aus weiterdenken und neue Fragen stellen kann, ohne zu falschen Aussagen zu kommen. Selber denken macht Spaß. Nur so kann sich ein Verständnis ergeben, auf dessen Grundlage der Nicht-Physiker in einen Dialog mit den Fachleuten eintreten kann. Schlagwörter reichen hierfür nicht aus. Vielmehr ist eine stark reduzierte Quantentheorie mit ganz wenigen und elementaren mathematischen Hilfsmitteln zu entwickeln und auf charakteristische Phänomene anzuwenden. Erst wenn eine solche Anwendung für den Leser im Einzelnen nachvollziehbar wird, eröffnet sich für ihn die Möglichkeit, die Quantentheorie zu verstehen und kritisch zu bewerten.

In diesem Buch wird versucht, zu einem solchen Elementarisierungsprogramm einen Beitrag zu leisten. Aus der Zielsetzung folgt, dass das Buch keine entspannende Bettlektüre sein kann. Man kommt mit dem Lesen nicht schnell voran. Die Schwierigkeit steigert sich dabei von Kapitel zu Kapitel. Die mit einem Sternchen versehenen eher technischen Abschnitte 3.8, 3.10, 4.5 und 4.6 kann man bei einer ersten Lektüre überschlagen. Am Ende von Kapitel 3 sollte der Leser bereits einen guten Eindruck vom begrifflichen und mathematischen Aufbau der Quantentheorie gewonnen haben. Die Frage, was Verstehen in diesem Zusammenhang bedeutet, zieht sich durch das ganze Buch, wird aber auch noch einmal getrennt thematisiert.

Den Lesern, die Vorkenntnisse in Naturphilosophie und Wissenschaftstheorie haben, werden immer wieder Begriffe aus einem Spektrum einfallen, das vom Instrumentalismus über den Konstruktivismus und die verschiedenen Formen von Realismus bis zum Holismus reicht. Im Hauptteil dieses Buches werden bewusst solche Einordnungen der eingenommenen Position vermieden. Es wird aber versucht, die Position des Autors etwa in Kapitel 2 beim zentralen Konzept der physikalischen Wirklichkeit in zugespitzter Weise deutlich zu machen. Das mag zum Widerspruch reizen. Naturphilosophische Aspekte werden in einem Dialog mit dem Theologen und Philosophen Hans-Dieter Mutschler direkt angesprochen, der als getrennter Text beigefügt ist. Es wird immer wieder betont, dass es sowohl zur dargestellten Theorie als auch zu ihrer Interpretation Alternativen gibt und wie sie sich zueinander verhalten. Die Frage lautet also: «Wie *kann* man die Quantentheorie verstehen?» und nicht «Wie *muss* man die Quantentheorie verstehen?»

Das Buch wendet sich an Leser, die sich nicht bereits intensiv mit Physik beschäftigt haben. Es holt daher in Kapitel 2 weiter aus und beginnt mit der klassischen Mechanik. Zugleich wird so der hier favorisierte Aufbau der Physik deutlich, in den die Quantentheorie eingegliedert werden soll. Auch Leser, die primär an Anwendungen interessiert sind, werden von einer konzeptionellen Analyse profitieren, denn dadurch lassen sich Fehlschlüsse vermeiden. Ein Beispiel für einen solchen Fehlschluss ist die in Abschnitt 4.3 erörterte spukhafte Fernwirkung.

Dieses Buch ist kein Lehrbuch der Quantentheorie. Es behandelt aus Gründen der Einfachheit als Quantenobjekte nur Photonen mit einer linearen Polarisation. An ihnen lässt sich aber bereits deutlich machen, was für die Quantentheorie charakteristisch ist. Es gibt für dieses System einfache Experimente und techniknahe Anwendungen. Darüber hinaus sind Photonen ein wichtiges Medium zur Verarbeitung von Quanteninformationen. Alle Einsichten in die Struktur der Quantentheorie, die am Beispiel der Photonenpolarisation gewonnen werden, lassen sich auf Elektronen, Atome, Moleküle und andere Quantenobjekte übertragen.

Als *Standard-Quantentheorie* wird das beschrieben, was in Vorlesungen an Hochschulen weltweit unter Quantentheorie verstanden wird. Es gibt dazu bei gleichem mathematischen Aufbau der Theorie verschieden weitgehende Interpretationen; und es gibt darüber hinaus – und damit nicht zu verwechseln – ganz anders aufgebaute Alternativtheorien. Wir gehen auf beides ein. Auf die

Schilderung von exotischen Versionen, die nur in Ansätzen formuliert sind, werden wir verzichten, obwohl Geisteswissenschaftler hin und wieder eine gewisse Neigung zeigen, sich gerade darauf zu beziehen. Ein Beispiel hierfür sind die Spekulationen, die einem Einfluss des Bewusstseins auf Quantenprozesse große Bedeutung beimessen.

Hinweise auf die Geschichte der Quantentheorie werden nur selten gegeben. Der Verständnisgewinn wäre an dieser Stelle noch gering. Auch Anekdoten zu den Pop-Ikonen, etwa zu Einstein, führen nicht weiter. Durch den Bezug auf Autoritäten lässt sich in der Physik nichts begründen. Die Rolle der Zitate in diesem Buch darf daher nicht missverstanden werden. Zitate sollen nichts beweisen, sondern allenfalls illustrieren und auf den Text gespannt machen, zu dem sie zum Teil im Widerspruch stehen.

Um zum Eingangszitat zurückzukehren: Der Vergleich der Quantenphysik mit der klassischen Physik wird manches zeigen, von dem wir uns mit unserer traditionellen Philosophie nicht haben träumen lassen. Dabei wird aber auch deutlich werden, dass man bereits in der klassischen Physik bei genauerer Betrachtung manches als «wondrous strange» empfinden kann.

2. Ein kurzer Ausflug in die klassische Physik

Dieses Kapitel soll auf die restlichen Kapitel vorbereiten. Die Quantentheorie – so wie wir sie in der Standardfassung vorstellen werden – setzt die klassische Physik voraus. Darüber hinaus lässt sich am Beispiel der klassischen Physik gut veranschaulichen, wie sich das Wirklichkeitsverständnis der Physik entwickelt. Es wird deutlich, wie zentral Vereinbarungen sind, die man auch anders hätte treffen können, mit der letzten Konsequenz, dass man dann eine andere physikalische Wirklichkeit hätte.

2.1. Wie anfangen?

Zur Quantenphysik kann man nicht auf einem direkten Weg kommen. Anfangen müssen wir mit dem, was aller theoretischen Beschreibung zugrunde liegt: mit Raum und Zeit. Wir sind im Folgenden nur an physikalischen und nicht an psychischen oder ähnlichen Prozessen interessiert. Zur Beschreibung von Raum und Zeit müssen wir Längen und Zeitintervalle möglichst genau nach einer im Prinzip von jedermann wiederholbaren Handlungsanweisung festlegen. Wenn es ein Anfang sein soll, dürfen dabei nicht bereits irgendwelche physikalischen Kenntnisse vorausgesetzt werden. Wir müssen daher auf einen handwerklichen Bereich zurückgreifen, über den man sich in der Alltagssprache verständigen kann. Wir nehmen an, dass der Handwerker ein *vorphysikalisches* Verfahren hat, um gerade Linien, Abstände, rechte Winkel und Parallelen herzustellen. Wir stellen mit seiner Hilfe zum Beispiel eine gerade Linie durch Spannen eines Drahtes her. Wir zeichnen noch ein Objekt aus, dem wir die Länge Eins geben, etwa ein Urmeter, und markieren auf den Geraden Punkte mit gleichem Abstand, indem wir das Objekt immer wieder anlegen. Das machen wir in einer wiederum handwerklich hergestellten Ebene (vgl. Abb. 2.1 a) und senkrecht dazu. Wir führen noch Unterteilungen zwischen den Punktmarkierungen ein. So entsteht ein Bezugssystem, mit dessen Hilfe sich die Lage eines beliebigen Punktes im *Raum* mit drei Zahlen beschreiben lässt. Durch die fixierten rechten Winkel ist das Bezugssystem *starr*. Wir können es nicht verbiegen.

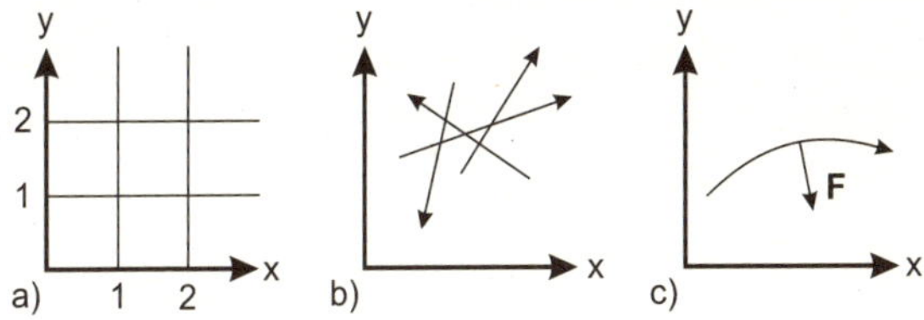

Abbildung 2.1: a) Starres Bezugssystem b) Freie Punktteilchen im nicht drehenden Bezugssystem c) Für die Abweichung von der geradlinig gleichförmigen Bewegung wird als Ursache eine Kraft **F** eingeführt.

In einem nächsten Schritt werden wir unter den vielen möglichen starren Bezugssystemen diejenigen festlegen, die sich nicht drehen. Was ist damit gemeint? Wir verwenden als Hilfsobjekte die so genannten *freien Punktteilchen*. Das sind Objekte, deren Ausdehnung so klein ist, dass man sie näherungsweise als punktförmig bezeichnen kann. Zugleich – und das ist die wichtigste Forderung – sollen sie *frei* sein. Das heißt, dass durch geeignete Abschirmung alle nur denkbaren Einflüsse, die auf diese Punktteilchen wirken können, eliminiert sind. Wir nehmen also beispielsweise sehr kleine Plastikkugeln und führen das Experiment in einem stählernen Kasten durch, der luftleer gepumpt wurde. Aber das reicht noch nicht. Wir müssen noch den Einfluss dessen beseitigen, was wir später Gravitation nennen werden, indem wir an einen geeigneten Ort im Sonnensystem gehen. Wenn alle diese Bedingungen für *Isolation* erfüllt sind, lassen wir Punktteilchen nach allen Richtungen fliegen und führen das Bezugssystem so nach, dass die Bahnen aller Teilchen unseres Schwarms, wenn man sie in das Bezugssystem einträgt, gerade Linien sind (vgl. Abb. 2.1 b). Dass dies auch gelingt, dass man also freie Punktteilchen realisieren, solche Bezugssysteme aufbauen und unter Verwendung der Punktteilchen justieren kann, ist eine fundamentale physikalische Erfahrung mit weitreichenden Folgen. Es ist nicht von vorneherein klar, dass die Natur dies zulässt. Wir haben also ein erstes physikalisches Ergebnis gefunden. Wir sagen von diesem Bezugssystem, dass es nicht *rotiert*. Es gibt viele solcher nicht rotierender Bezugssysteme. In allen anderen Bezugssystemen sind die Bahnen der freien Punktteilchen im Allgemeinen keine Geraden mehr.

Was ist die *physikalische Zeit*? Wir können mithilfe unserer freien Punktteilchen noch eine weitere wichtige Grunderfahrung machen. Zeit basiert auf Ereignissen. Wir führen die Zeit schrittweise ein, indem wir zunächst in ganz willkürlicher Weise zum Beispiel auf etwas klopfen und dabei zählen. Mit dieser sogenannten topologischen Zeit ist bereits ein Vorher und Nachher und eine Gleichzeitigkeit etabliert, etwa: Es geschah beim dritten Klopfen. Als Geschwindigkeit eines Punktteilchens definieren wir die Länge eines zurückgelegten Weges geteilt durch das an unserem Klopfen abgelesene Zeitintervall. Diese willkürliche *topologische Zeit* stellt sicherlich noch keine für die Zwecke der Physik besonders geeignete Zeitwahl dar. Wir greifen uns daher im nächsten Schritt ein spezielles Punktteilchen aus dem Punktteilchenschwarm heraus und passen unser Klopfen und Zählen so geschickt an, dass die damit gemessene Geschwindigkeit des freien Teilchens während des gesamten Teilchenfluges immer dieselbe ist. Durch dieses angepasste Klopfen wird die *physikalische Zeit* eingeführt. Atomuhren zeigen diese Zeit besonders genau an. Im Prinzip kann man also an der Geschwindigkeit der freien Punktteilchen ablesen, ob die sie messende Uhr «richtig» geht.

Nachdem wir auf diese Weise eine an einer einzelnen Teilchenbahn justierte ganz spezielle Zeit eingeführt haben, machen wir die nächste überraschende Beobachtung: Wir messen die Bewegung der anderen Punktteilchen mit dieser Zeit aus und stellen fest, dass auch sie jeweils mit einer konstanten Geschwindigkeit fliegen, die von Teilchen zu Teilchen verschieden groß sein kann. Auch das müsste offenbar nicht notwendigerweise der Fall sein. Die nicht rotierenden starren Bezugssysteme, die noch um Uhren ergänzt sind, die die physikalische Zeit anzeigen, heißen *Inertialsysteme*. Wir haben eine zweite physikalische Erfahrung gemacht: *Dass die Inertialsysteme sich zusammen mit den freien Punktteilchen als Hilfsobjekten sehr gut näherungsweise realisieren lassen, ist eine fundamentale Aussage über den physikalischen Raum und die physikalische Zeit.*

Wir könnten an dieser Stelle fortfahren und verschiedene Inertialsysteme vergleichen. Wir würden dabei feststellen, dass alle in den jeweiligen Inertialsystemen eingeführten Zeiten übereinstimmen. Die eingeführte Zeit ist *universell*. Mit dieser Aussage ist dann die *Newtonsche Raum-Zeit* abschließend charakterisiert. Extrem genaue Beobachtungen zeigen, dass diese Aussage nur näherungsweise gilt. Wir müssen daher unsere Theorie verbessern und schrittweise durch Einbeziehung von Erfahrung mit Licht, das als weiteres Hilfsobjekt zu den freien Punktteilchen hinzutritt, zur Raum-Zeit der Speziellen und schließlich der Allgemeinen Relativitätstheorie übergehen. Dafür ist hier kein Platz. Die Newtonsche Raum-Zeit kann für einen sehr großen Bereich von Phänomenen in sehr guter Näherung verwendet werden. Wir werden uns auch in der Quantenphysik auf solche nicht-relativistischen Phänomene beschränken.

Doch zunächst wollen wir einen Blick zurück werfen. Am Anfang stehen Erfahrungen, die man bei der Umsetzung umgangssprachlich formulierter handwerklicher Anweisungen machen kann. Das beantwortet die Frage: Wie anfangen? Die extrem idealisierten freien Punktteilchen sind die Antwort auf die Frage: womit anfangen? Um allerdings durch perfekte Abschirmung «frei» realisieren zu können, brauchen wir technische Geräte wie zum Beispiel Luftpumpen. Das zeigt an dieser Stelle bereits, wie fundamental und unauflöslich die Verknüpfung von Physik und Technik ist. Neue Technik ermöglicht den Fortschritt in der Physik. Neue Physik ermöglicht dann wiederum den Fortschritt in der Technik.

Wir werden später in der Theorie Zeit durch den Buchstaben t repräsentieren. Wir weisen bereits hier darauf hin, dass t sich dann nicht auf ein Objekt, sondern, wie wir gesehen haben, auf ein Präparationsverfahren bezieht. Eine ähnliche Situation wird uns in der Quantentheorie wiederbegegnen. Ein weiterer Aspekt muss betont werden. Wir sind einem Verfahren gefolgt, das der Physiker und Mathematiker Henry Poincaré (1854–1912) im Jahr 1906 folgendermaßen charakterisiert hat: «Die Zeit muss so definiert werden, dass die Gleichungen der Mechanik so einfach wie möglich werden. Mit anderen Worten, es gibt keine Art, die Zeit zu messen, die richtiger ist als eine andere; die, die allgemein angewendet wird, ist nur bequemer.»[1] Wir entdecken also die Zeit nicht so, wie Kolumbus Amerika entdeckt hat, wir erzeugen sie. Aber wir zwingen dabei die Phänomene nicht einfach in das Raster irgendeiner irgendwie bereits vorgegebenen Zeit. Wir stellen vielmehr fest, dass sich das Geschehen besonders einfach ordnen lässt, wenn man die oben beschriebene physikalische Zeit verwendet. Wir haben damit nur eine Vereinbarung getroffen, das heißt eine geschickte an der Erfahrung orientierte *Konvention* eingeführt.

2.2. Die Newtonsche Mechanik als Theorienrahmen

Wir haben die sehr stark idealisierte Situation untersucht, in der alle denkbaren Einflüsse auf die Punktteilchen durch geeignete Abschirmungen eliminiert sind. Diese starke Vereinfachung der physikalischen Situation war nötig, um die für die gesamte Physik fundamentale Raum-Zeit einzuführen. Die große Vielfalt der physikalischen Phänomene lässt sich aber auf diese Weise nicht beschreiben. Genau an dieser Stelle setzt die *Newtonsche Mechanik* ein. Ihr Prinzip für den Aufbau physikalischer Theorien lautet: Immer, wenn wir in einer Situation feststellen, dass unsere Punktteilchen aus der Sicht eines Inertialsystems nicht mehr geradlinig und mit konstanter Geschwindigkeit fliegen, sondern beschleunigt sind und möglicherweise gebogenen Bahnen folgen (vgl. Abb. 2.1 c), dann werden wir dafür *Ursachen* angeben. Die Punktteilchen sind nicht mehr frei. Es gibt einen oder mehrere Einflüsse auf sie, die nicht mehr abgeschirmt werden. Das System ist nicht mehr isoliert, sondern *offen*. Zur Beschreibung dieser Einflüsse muss eine Theorie entwickelt werden. Wir werden uns dabei immer fragen, ob das in der Theorie Beschriebene eine Entsprechung in der Wirklichkeit hat.

Das geradlinig gleichförmige Verhalten der freien Punktteilchen ist also gewissermaßen *ein Normalverhalten, das sich realisieren lässt, das aber nicht mehr weiter begründet werden muss*. Es ist in der Newtonschen Mechanik eine Regelmäßigkeit ohne Ursache. Erst ein Abweichen davon führen wir auf Ursachen zurück. Wir beschreiben sie in der Newtonschen Mechanik mit Hilfe von *Kräften*, die auf die jetzt nicht mehr freien Punktteilchen wirken (vgl. Abb. 2.1 c). Punktteilchen werden so zu *Probeteilchen*, mit denen wir austesten können, welche Kräfte nach Wegfall der Abschirmung in einer speziellen Situation vorliegen. Wir werden das im nächsten Abschnitt am Beispiel geladener Probeteilchen verdeutlichen. Vorher wird die Theorie noch etwas ausgebaut.

Objekte, mit denen man Kräfte ausüben kann, sind beispielsweise gespannte Stahlfedern. Kräfte können so realisiert werden. Sie sind Teil der unmittelbaren Wirklichkeit. Auch Massen gehören zur unmittelbaren Wirklichkeit. Probeteilchen reagieren auf gleiche Kräfte noch mit unterschiedlichen Beschleunigungen. Die Ursache für diese Unterschiedlichkeit ist die *Masse* (genauer gesagt die *träge Masse*) des jeweiligen Probeteilchens. So wird Masse als eine Teilcheneigenschaft eingeführt und als Ergebnis entsteht die berühmte Relation «Kraft (F) gleich Masse (m) mal Beschleunigung (a)»:

$$F = m \cdot a\,. \tag{2.1}$$

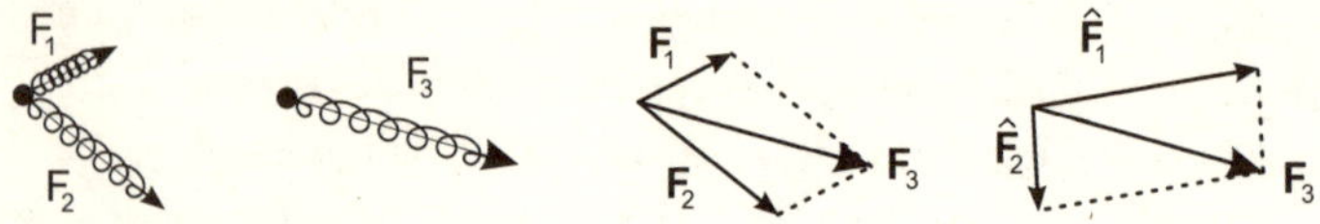

Abbildung 2.2: Die beiden Federn F_1 und F_2 ziehen an einer Punktmasse. Die Feder F_3 hat die gleiche Wirkung. Die theoretische Beschreibung erfolgt mit Hilfe von Kräften. Die resultierende Wirkung der Kräfte $\mathbf{F}_1$ und $\mathbf{F}_2$ ist die Kraft $\mathbf{F}_3$. Sie ergibt sich als Vektorsumme (Diagonale im Parallelogramm). Umgekehrt kann der Vektor $\mathbf{F}_3$ nach der Parallelogrammregel in unterschiedlicher Weise zerlegt werden.

Wir müssen noch eine sehr wichtige charakteristische Eigenschaft von Kräften beschreiben, die sich leicht experimentell bestätigen lässt: Zwei verschieden starke Kräfte greifen in unterschiedlicher Richtung an einem Probeteilchen an (vgl. Abb. 2.2). Dann ist die resultierende Auswirkung auf die Beschleunigung des Teilchens genauso groß wie die Auswirkung einer einzigen Kraft, die mithilfe des *Parallelogramms der Kräfte* bestimmt wurde. In Abbildung 2.2 ziehen die beiden Federn F_1 und F_2 an der Punktmasse. Die einzelne Feder F_3 hat die gleiche Wirkung. Wir repräsentieren die Kraft in der Theorie, die wir gerade schrittweise aufbauen, durch einen Pfeil, dessen Richtung mit der Richtung der Kraft und dessen Länge mit dem Betrag der Kraft übereinstimmt. Wir stellen die durch die beiden Federn bewirkten Kräfte $\mathbf{F}_1$ und $\mathbf{F}_2$ wie in Abbildung 2.2 dar und ergänzen sie zeichnerisch zu einem Parallelogramm. Die resultierende Kraft $\mathbf{F}_3$ ergibt sich dann theoretisch als der diagonale Pfeil. Die Pfeile stellen *Vektoren* dar. Vektoren werden fett gedruckt. Diese *Parallelogrammregel* zur Konstruktion der Kraft $\mathbf{F}_3$, wird *Vektoraddition* genannt. Wir schreiben sie symbolisch wie eine Addition:

$$F_3 = F_1 + F_2 \,. \tag{2.2}$$

$\mathbf{F}_3$ ist die *Vektorsumme* der Komponenten $\mathbf{F}_1$ und $\mathbf{F}_2$. Man kann $\mathbf{F}_3$ auch als Summe von zwei anderen Kräften $\hat{\mathbf{F}}_1$ und $\hat{\mathbf{F}}_2$ erhalten (vgl. Abb. 2.2). Oder andersherum betrachtet: Es gibt beliebig viele *Zerlegungen* des Vektors $\mathbf{F}_3$ in zwei andere Vektoren wie in Gleichung (2.2). Diese sehr einfache Mathematik der Vektoraddition – wir müssen nur die Diagonale in das Parallelogramm einzeichnen – werden wir auch in der Quantentheorie verwenden. Sie wird uns durch das ganze Buch hindurch begleiten. Mehr Mathematik brauchen wir nicht.

Die Newtonsche Mechanik mit der zentralen Gleichung (2.1) ist eine (nicht-relativistische) *Rahmentheorie* für das Verhalten von Massen. Dass sie einen erst noch auszufüllenden Rahmen darstellt, ist ihre Stärke. Es gibt in verschiedenen physikalischen Situationen ganz verschiedene Abhängigkeiten der Kräfte vom jeweiligen «Rest der Welt», also ganz verschiedene Ursachen für die Kräfte. In gewissen Fällen führt man die Kräfte auf Reibung zurück, in anderen Fällen auf das Vorliegen von elektrischen, magnetischen bzw. gravitativen Feldern oder auf noch andere Ursachen. Aber das Schema ist immer dasselbe: Wir kennen die Massen und messen mit unseren Uhren und Maßstäben die Beschleunigung $\mathbf{a}$. Infolgedessen liegt über die Relation (2.1) die Kraft $\mathbf{F}$ fest. Wenn sie nicht verschwindet, stellen wir eine Theorie für die neuen physikalischen Effekte auf, die die Berechnung dieser Kraft erlaubt. So ist die *klassische Physik* in ihrer newtonschen Formulierung aufgebaut. Wir müssen das schon deshalb im Einzelnen schildern, weil wir später Quantenphänomene als die Phänomene einführen werden, die sich gerade nicht mithilfe der klassischen Physik beschreiben lassen. Es gibt einen weiteren Grund: Am Beispiel der klassischen Physik lässt sich das Konzept der physikalischen Wirklichkeit besonders einfach untersuchen.

Wir wollen noch kurz das später genauer zu besprechende «Verstehen» von Physik ansprechen: Ist die Newtonsche Physik *anschaulich*? Hält man nur das für anschaulich, mit dem man von der Alltagsphysik her vertraut ist, dann ist sie allerdings völlig unanschaulich. Oder hat jemand schon einmal eine Masse gesehen, die mit konstanter Geschwindigkeit beliebig weit auf einer geraden Linie fliegt? Am Anfang des newtonschen Theorieaufbaus steht mit den freien Punktteilchen keine vorgefundene Natur, sondern eine mit einigem Aufwand erst präparierte «Kunstnatur». Dass man Unanschaulichkeit bei den Grundlagen der Theorie in Kauf nimmt, wird allerdings belohnt. Wie wir schon beim Stichwort Theorierahmen gesehen haben, entsteht auf diese Weise ein einfacher, vielfach verwendbarer Theorienaufbau. Die komplexen Phänomene der Alltagsphysik, soweit sie sich auf das Verhalten von Massen beziehen, werden dann dadurch beschrieben, dass man immer komplizierter zusammengesetzte Kräfte einbaut. Der rollende Ball zum Beispiel ist kein freies Punktteilchen, weil er sich nicht mit konstanter Geschwindigkeit bewegt. Wenn wir eine Reibungskraft bei seiner Beschreibung mitberücksichtigen, kommen wir zu der richtigen Prognose, dass der Ball stehen bleiben wird.

2.3. Das elektrische Feld

Nach dieser Schilderung der allgemeinen Physik der Kräfte und der Mathematik der Vektoren wollen wir eine der vielen möglichen Ursachen für Kräfte etwas genauer besprechen. Wir beginnen wieder mit einem Experiment, das sich mit Gegenständen der Alltagsphysik durchführen lässt. Ein Plastiklineal wird fest an einem Stück Tuch gerieben. Wenn man es danach in die Nähe von kleinen Papierschnipseln bringt, werden die Papiere angezogen. Diese und eine Fülle ähnlicher Erfahrungen sollen etwas allgemeiner beschrieben werden.

Wir haben handwerklich gewisse Objekte produziert, die in einer sehr spezifischen Weise Kräfte aufeinander ausüben. Von ihnen existieren zwei Sorten. Die Objekte derselben Sorte stoßen sich untereinander ab; die verschiedener Sorte ziehen einander an. Wenn man ein geladenes Objekt, eine *Ladung*, an einem Ort befestigt, ein geladenes Probeteilchen an ihm vorbeischießt und alles in einem Inertialsystem beschreibt, dann bewegt sich das gestreute Probeteilchen gemäß unserer newtonschen Rahmentheorie nicht mehr auf einer geraden Linie mit konstanter Geschwindigkeit, sondern beschreibt eine gekrümmte Bahn. Es wirkt daher eine Kraft auf das geladene Probeteilchen (vgl. Abb. 2.1 c). Wir wissen bereits, dass letztlich ein anderes geladenes Objekt die Ursache für diese Kraft darstellt.

Die Theorie der *Elektrostatik* ist eine sehr erfolgreiche Theorie für die Begründung dieser Phänomene. Für uns ist besonders interessant, dass dazu in dieser Theorie eine mathematische Hilfsgröße eingeführt wird, die man das *elektrische Feld* **E** nennt. Mithilfe der Maxwellschen Gleichungen, den Grundgleichungen dieser Theorie, lässt sich zu einem gegebenen geladenen Objekt in jedem Punkt des Raumes der Vektor **E** des elektrischen Feldes berechnen. Bringt man eine geladene Probeladung an diesen Punkt, dann ergibt sich der mathematische Ausdruck für die Kraft **F**, die auf diese Probeladung wirkt, indem man den Vektor des elektrischen Feldes **E** noch mit der Größe der Probeladung q multipliziert: $\mathbf{F} = q \cdot \mathbf{E}$. Die Kraft auf eine Probeladung liegt in Richtung des elektrischen Feldes und nimmt mit der Größe der Probeladung zu. Außerdem ist sie vom Abstand der Ladungen abhängig. Ändert sich das Vorzeichen der Ladung, ändert sich auch die Richtung der Kraft. Dies ist die Grundrelation der Elektrostatik.

Wir gehen noch einmal zurück. Der Experimentator manipuliert und beobachtet speziell präparierte Punktmassen, denen er als Ausdruck der unterschiedlichen Präparation noch eine positive oder negative Ladung zuordnet. Die Newtonsche Mechanik ist ihm vertraut. Er weiß daher, was Kräfte sind und wie man sie misst. Er stellt fest, dass bei Anwesenheit von Ladungen Kräfte auftreten. Für diese Kräfte kann er ein Gesetz ablesen, das Coulomb-Gesetz. Es gibt an, wie sich die Kraft, die zwei Ladungen aufeinander ausüben, mit dem Abstand der Ladungen voneinander ändert. Damit ist seine Arbeit zunächst beendet. Der Theoretiker stellt darauf aufbauend eine Theorie für die Elektrostatik auf, die als zentrale, zunächst rein mathematische Hilfsgröße das elektrische Feld **E** enthält. Es wird dabei unter anderem festgelegt, wie sich Kräfte auf eine Punktladung mit Hilfe des elektrischen Feldes berechnen lassen und welches spezielle elektrische Feld zu einer bestimmten Ladungsverteilung gehört.

Wichtig ist für uns Folgendes: Die Beobachtungen des Experimentators lassen sich vollständig mithilfe von Kräften und infolgedessen von Ladungen, Massen und Beschleunigungen beschreiben. Der Theoretiker hat darüber hinaus eine weitere für seine Berechnungen geschickte mathematische Hilfsgröße eingeführt, genannt das elektrische Feld **E**, die nicht bereits in der theoretischen Mechanik aufgetreten ist. Hat diese Größe eine Entsprechung in der physikalischen Wirklichkeit? Wir sind mit dieser Frage an einem für das Verständnis der Physik entscheidenden Punkt angekommen. Wir werden sie in der Quantentheorie für andere Größen in ganz analoger Weise erneut stellen. Die meisten Physiker sind der Ansicht, dass ein solches elektrisches Feld nicht nur eine mathematische Hilfsgröße darstellt, sondern dass es in der Tat existiert.

Um die Frage nach der physikalischen Wirklichkeit im Einzelnen untersuchen zu können, halten wir uns im Folgenden den Aufbau der Physik vor Augen, so wie er sich bereits aus dem bisher Geschilderten ablesen lässt. Auf dieser Grundlage werden wir dann später sehr viel besser verstehen, wie sich die Quantentheorie in den Gesamtaufbau der Physik einordnet und was das für eine Wirklichkeit ist, die uns im Bereich der Quantenphänomene begegnet.

2.4. Der Aufbau physikalischer Theorien

Faust: Geschrieben steht: «Im Anfang war das Wort!»
Hier stock' ich schon! Wer hilft mir weiter fort?
Ich kann das Wort so hoch unmöglich schätzen,
Ich muss es anders übersetzen, ...
Mir hilft der Geist! Auf einmal seh' ich Rat
Und schreibe getrost: Im Anfang war die Tat!

Johann Wolfgang von Goethe,
«Faust – Der Tragödie erster Teil»

Was auch immer am Anfang der Welt geschehen sein mag, für den Aufbau einer physikalischen Theorie ist das Ineinandergreifen von Wort und Tat wesentlich. Wir können die Struktur physikalischer Theorien an der bereits skizzierten Theorie des elektrischen Feldes, also der Elektrostatik ablesen. Wenn wir das entsprechende Theoriebuch aufschlagen, sehen wir neben Abbildungen und Diagrammen in erster Linie mathematische Gleichungen und einen verbindenden Text. Die mathematischen Gleichungen gehen auseinander hervor durch Anwendung der Prozeduren der Mathematik: Es wird addiert, multipliziert, integriert, differenziert und so weiter. Abkürzungen werden eingeführt und in die Gleichungen eingesetzt. In Theoriebüchern kann das ganze Regelwerk der Mathematik zum Einsatz kommen. Auf diese Weise werden mathematische Ergebnisse hergeleitet. Der verbindende Text gibt dabei Anweisungen, was aus mathematischer Sicht zu geschehen hat. Der Text hat aber darüber hinaus noch eine weitere wichtige Funktion. Durch ihn wird der Leser darauf hingewiesen, dass beispielsweise der fett gedruckte Buchstabe **F** die Kraft bezeichnet, die auf ein Probeteilchen wirkt, das die Ladung q trägt. Die Beschleunigung, die es dabei erfährt, wird durch das Symbol **a** dargestellt. Dadurch liegt fest, welchen Handlungsanweisungen zu folgen ist, wenn **F** über die bewirkte Beschleunigung ausgemessen werden soll. Wie wir schon gesehen haben, werden aber noch weitere Symbole verwendet. Ein Beispiel ist das elektrische Feld E.

Was ist daher charakteristisch für physikalische Theorien? Die erste wichtige Beobachtung ist, dass eine Theorie sich offenbar auf eine oder mehrere *Vortheorien* bezieht. Im Beispiel der Elektrostatik sind das die Mechanik und die Theorie von Raum und Zeit. Die Mechanik, man denke nur an die Bestimmung der Kraft durch die Messung der bewirkten Beschleunigung, hat als Vortheorie wiederum die Raum-Zeit-Theorie, die selbst keine Vortheorie hat, sondern im Handwerklichen gründet. Die Elektrostatik macht Aussagen über Ladungen, Kräfte und Beschleunigungen; dabei wird vorausgesetzt, dass bereits geklärt ist, was man unter Kräften, Massen, Längen und Zeitintervallen zu verstehen hat, wie man mit ihnen beim Aufbau von Versuchen umgeht, wie man sie ausmisst und wie man sie theoretisch beschreibt. Man muss also zunächst die Vortheorien und ihren Erfahrungsbereich beherrschen, wenn man wissen will, wovon die Elektrostatik handelt. *Die physikalischen Theorien sind hierarchisch aufgebaut.*

Auch zur Beantwortung der Frage nach der *physikalischen Wirklichkeit* müssen wir in analoger Weise auf die Wirklichkeitsbereiche der Vortheorien zurückgreifen. In unserem Fall ist das einfach. Man nimmt an, dass es den Handwerker und die gerade Linie, die er produziert, auch wirklich gibt. Diese Annahme über die Wirklichkeit ist nicht zwingend, aber sie hat sich – bekanntlich auch im Alltag – als außerordentlich nützlich erwiesen. Durch Abtragen einer Einheit hat der Handwerker eine Längenskala etabliert. Auch die soll real vorliegen. Nach der oben beschriebenen Vorschrift für die Einführung der Zeit wurde eine Uhr konstruiert und justiert. Auch die Uhr und die von ihr angezeigte physikalische Zeit sind Teile der so eingeführten Wirklichkeit. In der Theorie tauchen die mathematischen Symbole Δs und Δt auf. Sie bezeichnen eine Länge bzw. ein Zeitintervall, und von beiden Symbolen wissen wir, was damit gemeint ist. Sie haben ebenfalls eine Entsprechung in unserer physikalischen Wirklichkeit. Wir wissen, welche Handlungen durchgeführt werden müssen, wenn man mit diesen Elementen der Theorie umgehen will. Wenn jemand zum Beispiel fälschlicherweise Δs als ein Zeitintervall interpretiert, das er an einer Uhr abliest, und Δt als eine Länge, dann wird er keine Übereinstimmung mit dem Experiment erhalten. Man kann also nicht nur Rechenfehler, sondern auch Zuordnungsfehler machen. Dass Massen und Kräfte wirklich sind, hatten wir schon behauptet.

Wir fassen noch einmal zusammen: Die Theorie der Elektrostatik steht nicht am Anfang, sondern bereits auf der dritten Stufe der Hierarchie. Sie bezieht sich wie alle physikalischen Theorien[2] auf (vgl. Abb. 2.3)

- einen Bereich der Wirklichkeit, der *Grundbereich* GB genannt wird. Er enthält die Fakten, das heißt die experimentellen Ergebnisse, die mit den Mitteln der Vortheorie beschrieben, aber nicht erklärt und begründet werden können. In der Elektrostatik ist das beispielsweise die beschleunigte Bewegung eines geladenen Punktteilchens. Beschleunigungen werden bereits in den Vortheorien mit Hilfe von Zeit- und Längenintervallen ausgemessen und auf das Vorliegen einer realen Kraft zurückgeführt. Eine Ursache für diese Kraft wird dabei aber nicht angegeben. Der Grundbereich liegt im Wirklichkeitsbereich der Vortheorien.

Die physikalische Theorie selber ist durch zwei Grundelemente charakterisiert:

- einen *mathematischen Teil* MT, der aus mathematischen Größen (z. B. den Vektoren **F**, **E** usw.), Definitionen, Gleichungen, Umformungen, Lösungsprozeduren, Beweisen, mathematischen Existenzsätzen, usw. besteht, und
- *Abbildungsprinzipien* AP, die oft auch als *Korrespondenzregeln* bezeichnet werden und den Grundbereich GB und Teile des mathematischen Teils MT aufeinander beziehen. Durch sie werden

zugleich Aussagen aus dem Grundbereich GB, etwa experimentelle Ergebnisse, aber auch Präparationsverfahren, mit Aussagen des mathematischen Teils MT verknüpft. In unserem Beispiel wird der Vektor **F**, gemeint ist die mathematische Größe, mit der beispielsweise durch eine Feder ausmessbaren Kraft des Grundbereiches verknüpft. Der Vektor des elektrischen Feldes **E** bleibt demgegenüber eine mathematische Größe, die keine Entsprechung in der Wirklichkeit des Grundbereiches hat. Sie steht gewissermaßen – vorerst – nur auf dem Papier.

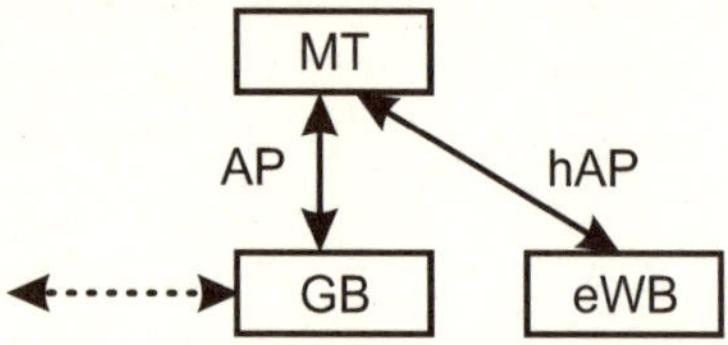

Abbildung 2.3: Die Abbildungsprinzipien AP beziehen den mathematischen Teil MT einer physikalischen Theorie auf deren Grundbereich GB (Minimalinterpretation). Die hypothetischen Abbildungsprinzipien hAP können hinzugenommen werden. Sie stellen dann die Korrespondenz mit dem erweiterten Wirklichkeitsbereich eWB her (Standardinterpretation).

Es gibt in unserer Hierarchie einen ersten Grundbereich. Er enthält die Elemente einer *unmittelbaren Wirklichkeit*, die mit handwerklichen Handlungsanweisungen verknüpft sind. Erst dadurch, dass die Abbildungen zu den mathematischen Relationen hinzukommen, entsteht eine physikalische Theorie. Mit den Abbildungsprinzipien zeigt man gewissermaßen mit der einen Hand zum Beispiel auf das Symbol t auf dem Papier und mit der anderen Hand auf die Uhr, die nach gewissen Handlungsanweisungen gebaut wurde. Üblicherweise beschränkt man sich aber nicht auf die drei oben beschriebenen Teile, sondern baut den Wirklichkeitsbereich auf jeder Stufe aus. Dazu kommen wir jetzt.

2.5. Minimal- und Standardinterpretation

Wir verstehen unter der *Interpretation einer Theorie* die Angabe der Abbildungsprinzipien, mit denen einige der abstrakten Rechengrößen des mathematischen Teils MT der physikalischen Theorie mit Teilen der Wirklichkeit verknüpft werden. Mit anderen Worten, es werden für einige mathematische Symbole physikalische Referenten angegeben, die auch Handlungsanweisungen sein können, und es wird zugleich behauptet, dass sie die *physikalische Wirklichkeit* bilden. *In diesem Sinne ist eine physikalische Theorie ein teilweise interpretiertes formales System, das physikalische Wirklichkeit beschreibt.* Ohne Interpretation hätten wir keine physikalische, sondern nur eine mathematische Theorie.

Bisher haben wir nur Abbildungsprinzipien AP betrachtet, die sich auf den Grundbereich GB beziehen. Dass dessen Elemente existieren, hatten wir bereits angenommen. Wir können allerdings – wenn wir wollen – darüber hinausgehen und den Wirklichkeitsbereich erweitern.

Zur Veranschaulichung kehren wir dazu noch einmal zur Elektrostatik zurück. Sie ist in unserem hierarchischen Schema eine Nachfolgetheorie der Newtonschen Mechanik. Man kann sie unterschiedlich interpretieren, was dementsprechend auf unterschiedliche Wirklichkeiten führt. Wir beginnen mit der *Minimalinterpretation*, das heißt, wir verwenden nur die Abbildungsprinzipien AP. In diesem Fall besteht der Wirklichkeitsbereich, der über die Abbildungsprinzipien AP mit dem mathematischen Teil MT verknüpft ist, nur aus dem Wirklichkeitsbereich der Vortheorie. Wir haben ihn als Grundbereich mit GB bezeichnet. Nur er existiert. Für die Elektrostatik bedeutet das, dass nach wie vor nur Längen, Zeiten, Kräfte, Beschleunigungen, Ladungen usw. als wirklich angesehen werden, nicht aber das elektrische Feld. Die Grundaufgabe, die darin besteht, die Abweichung vom geradlinig gleichförmigen Verhalten der Probeteilchen auf Ursachen zurückzuführen und hieraus Prognosen für Messergebnisse abzuleiten, bezieht sich nur auf diesen Wirklichkeitsbereich der Vortheorie. Man kann mit dieser Zielsetzung zufrieden sein und hat dabei die physikalische Wirklichkeit tatsächlich mit dem Grundbereich der Raum-Zeit-Theorie im Wesentlichen auf das reduziert, was uns über unsere Sinnesorgane unmittelbar zugänglich ist.

In der Elektrostatik, wie in anderen physikalischen Theorien auch, müssen wir allerdings nicht bei diesem sehr reduzierten Wirklichkeitskonzept stehen bleiben. Physiker vertreten üblicherweise die Ansicht, dass auch das elektrische Feld selbst real ist. Es wird also die Existenz einer Abbildung oder Korrespondenz behauptet, die sich wiederum folgendermaßen veranschaulichen lässt: Mit der einen Hand zeigt man auf das Symbol **E** in den mathematischen Gleichungen und mit der anderen Hand auf einen Punkt in der Nähe einer Masse und sagt dazu, dass dort dieses elektrische Feld wirklich vorliegt, weil das Objekt geladen ist. Man kann das elektrische Feld nicht sehen, anfassen, riechen, schmecken und so weiter, aber es existiert. Feststellen können wir es nur indirekt über die Kräfte, die es auf Ladungen ausübt. Es ist ein Teil einer über die unmittelbare Wirklichkeit hinausgehenden, durch die verwendete Theorie *vermittelten und erschlossenen Wirklichkeit*.

Wir nennen diese Interpretation, weil sie unter Physikern so weit verbreitet ist, die *Standardinterpretation* der Elektrostatik. In dieser Standardinterpretation wird also der Wirklichkeitsbereich über den Grundbereich, das ist in diesem Fall der Wirklichkeitsbereich der Mechanik, hinaus erweitert. Abbildungen, die über den Grundbereich hinausgehen, bezeichnen wir – da wir zu ihnen nicht gezwungen sind – als *hypothetische Abbildungsprinzipien* hAP. Durch sie wird auf der Grundlage der Theorie neue physikalische Wirklichkeit etabliert bzw. erschlossen. Den entsprechenden Teilbereich der Wirklichkeit bezeichnen wir als den *erschlossenen Wirklichkeitsbereich* eWB (vgl. Abb. 2.3). Der erschlossene Wirklichkeitsbereich und der Grundbereich können zusammen wieder zum Grundbereich einer darauf aufbauenden Theorie werden. Wir kommen darauf im nächsten Abschnitt zurück. Erwähnt sei noch, dass wir uns mit der Elektrostatik nach der Raum-Zeit-Theorie und der Newtonschen Mechanik bereits auf der dritten Ebene einer Theorienhierarchie befinden. In der Theoretischen Physik gibt es mehrere Hierarchiestränge, die miteinander verknüpft sind.

Wir betonen noch, dass Vertreter verschieden weitgehender Interpretationen derselben Theorie bei der Berechnung physikalischer Effekte selbstverständlich zu denselben Ergebnissen kommen. Diese experimentellen Aussagen sind interpretationsunabhängig. Sie beziehen sich auf die unmittelbare Wirklichkeit, in der zum Beispiel festgestellt wird, auf welcher Zahl der Zeiger eines bestimmten Messgeräts stehen bleibt.

2.6. Erschlossene Wirklichkeit oder Die Welt als Konstruktion

Eine physikalische Theorie entsteht erst, wenn zum mathematischen Teil MT die Abbildungsprinzipien AP hinzutreten. Nach der üblichen Sprachregelung bleibt die *Theorie* dieselbe, selbst wenn man noch hypothetische Abbildungsprinzipien hAP hinzunimmt. Die Formulierung der Elektrostatik hängt nicht davon ab, ob man das elektrische Feld für real hält oder nicht. Die Gesamtheit der experimentellen Ergebnisse, die sich mithilfe der Elektrostatik begründen lassen, ist unabhängig davon, wie klein oder wie groß man den Wirklichkeitsbereich fasst. Man kann also gewissermaßen in die Theorie mehr oder weniger Wirklichkeit «hineininterpretieren». Ob das elektrische Feld existiert oder nicht existiert, hängt davon ab, welche hypothetischen Abbildungsprinzipien man wählt und ob man überhaupt welche zulässt. Wie wir schon betont haben, ist das elektrische Feld eine über die hypothetischen Abbildungsprinzipien erschlossene Wirklichkeit. Es ist in diesem Sinn eine *Konstruktion*. Das elektrische Feld war also nicht schon vor aller Interpretation real gegeben, und es musste nur ein langer historischer Prozess durchlaufen werden, bis es aufgespürt und entdeckt werden konnte. Der historische Prozess besteht in der Entwicklung der Theorie Elektrostatik, die das mathematische Symbol **E** enthält, das man physikalisch interpretieren kann, wenn man will.

Es gibt noch einen weiteren Aspekt, der deutlich macht, in welch hohem Maße physikalische Wirklichkeit eine erschlossene Wirklichkeit ist. Theorien sind empirisch unterbestimmt. Neue bzw. andere Wirklichkeit lässt sich nicht nur durch Erweiterung der Interpretation einer Theorie gewinnen, sondern auch durch eine *Alternativtheorie*. Sie beschreibt den gleichen Anwendungsbereich (Grundbereich GB) auf der Grundlage eines anderen mathematischen Teils MT*. Daran kann man sie leicht erkennen. Durch verschieden weitgehende Interpretationen desselben mathematischen Teils entstehen nach unserer Betrachtungsweise keine Alternativtheorien. Es ist plausibel, dass zu einer Alternativtheorie andere hypothetische Abbildungsprinzipien hAP* gehören, die die Verbindung zu einem ganz anders aufgebauten erschlossenen Wirklichkeitsbereich eWB* herstellen. Es ließe sich auch eine Alternativtheorie zur Elektrostatik denken, aber es gibt einfachere Beispiele für Alternativtheorien, etwa das Folgende:

Die Newtonsche Gravitationstheorie ist ähnlich aufgebaut wie die Elektrostatik. Das Gravitationsfeld steht in Analogie zum elektrischen Feld. Masse entspricht der Ladung, allerdings ziehen sich Massen stets an. Auch diese Theorie hat einen erschlossenen Wirklichkeitsbereich. Er enthält unter anderem das Gravitationsfeld, von dem, analog zum elektrischen Feld, üblicherweise behauptet wird, dass es existiert. Ohne näher darauf eingehen zu können, erwähnen wir, dass sich als Verallgemeinerung der Newtonschen Gravitationstheorie eine speziell-relativistische Theorie des Gravitationsfeldes in der flachen Raum-Zeit formulieren lässt. Die Alternativtheorie hierzu ist die Allgemeine Relativitätstheorie, in der das Gravitationsfeld völlig eliminiert und die Raum-Zeit gekrümmt ist. Der Unterschied ist offensichtlich. Die Standardinterpretationen der beiden Theorien beantworten die Frage nach der Existenz eines Gravitationsfeldes bzw. nach der Krümmung der Raum-Zeit völlig konträr. Die erschlossenen Wirklichkeiten von Alternativtheorien können sich widersprechen. Das macht noch einmal besonders deutlich, dass die entsprechenden Wirklichkeiten von uns *konstruiert* sind. *Wir lesen nicht in einem bereits geschriebenen «Buch der Natur». Wir schreiben selbst mit daran.* Kriterien für eine Wahl zwischen Alternativtheorien mit gleichem Anwendungsbereich können einfache Handhabbarkeit, schnellere Möglichkeit der Einarbeitung, Befriedigung der individuellen Schönheitsvorstellungen, philosophische Konzepte usw. sein. Es sind metaphysikalische Kriterien. Wie wir gesehen haben, wählt man auf diese Weise die konstruierte Wirklichkeit gleich mit.

Es gibt einen wichtigen Unterschied zwischen verschieden weitgehenden Interpretationen einerseits und Alternativtheorien andererseits, auf den wir bei der Quantentheorie zurückkommen werden. Unser Beispiel der Elektrostatik zeigt für die Interpretationen, dass es kein Experiment geben kann, das uns dazu zwingt, das elektrische Feld als real anzusehen, und dass es ebenso auch kein Experiment geben kann, das die Existenz eines elektrischen Feldes widerlegen könnte. Durch den Ausgang eines Experiments, der sich durch die Theorie nicht erklären lässt, wird der behauptete *Anwendungsbereich* einer Theorie und zugleich derjenige der Alternativtheorie eingeschränkt. Oft wird der eigentliche Anwendungsbereich, also der Grundbereich GB, auf diese Weise überhaupt erst fixiert.

Man hat die Rolle der Wahrheit oder – weniger anspruchsvoll formuliert – der Richtigkeit in der Physik prägnant so charakterisiert: «*Physikalische Theorien sind nicht richtig oder falsch, sie haben einen Anwendungsbereich, der schlimmstenfalls leer sein kann.*»[3] Es ist auch möglich – und das ist der interessante Fall –, dass eine Theorie und ihre Alternativtheorie zunächst für einen großen Erfahrungsbereich dieselben Aussagen machen, aber sich dennoch ein Experiment finden lässt, für das die beiden Theorien verschiedene Ergebnisse prognostizieren. Je nach Ausgang dieses *experimentum crucis* wird der Anwendungsbereich der einen oder der anderen Theorie eingeschränkt. Sie sind dann keine Alternativtheorien mehr. Von der Newtonschen Mechanik wird in der üblichen Formulierung unausgesprochen unterstellt, dass sie für alle Geschwindigkeiten gültig ist. Die Experimente zur Speziellen Relativitätstheorie zeigen, dass sie sich lediglich für Geschwindigkeiten sehr viel kleiner als die Lichtgeschwindigkeit näherungsweise verwenden lässt. Durch die Spezielle Relativitätstheorie werden der Newtonschen Mechanik «Grenzen gesetzt». Wir werden im Zusammenhang mit der Quantentheorie sowohl unterschiedliche Interpretationen als auch ein Beispiel für die experimentelle Widerlegung eines Vorschlags für eine Alternativtheorie vorstellen.

Wir haben bisher absichtlich «die Natur» nicht erwähnt. Das wollen wir, allerdings nur sehr kurz, nachholen. Wirklichkeit kann als erschlossene Wirklichkeit weit über die Wirklichkeit des Grundbereichs hinausgehen. Wie die Existenz von Alternativtheorien zeigt, werden in Abhängigkeit von den Theorien die entsprechenden Wirklichkeiten konstruiert. Wichtig ist, dass der Ausgang eines Experiments den Anwendungsbereich einer Theorie und infolgedessen den entsprechenden Wirklichkeitsbereich einschränken oder sogar aufheben kann: *Physikalische Wirklichkeit kann (wie alle naturwissenschaftliche Wirklichkeit) nicht beliebig konstruiert werden.* Das ist eine Alltagserfahrung. Man kann sie, wenn man denn will, so verstehen, dass es etwas physikalisch Erfahrbares gibt, das «widersteht». Auf diese Weise zeigt es sich. Der Widerstand demonstriert seine Existenz. Das physikalisch Erfahrbare «sagt» etwa in gewissen Experimenten «nein» zu einer Theorie, die Photonen durch kleine Kugeln beschreibt. Es ist das nicht Gefügige, das Unverfügbare. In den unterschiedlichen Wirklichkeiten der erfolgreichen Alternativtheorien ist es nicht explizit formuliert. Man könnte dieses Gegenüber, das nicht mehr Teil einer über eine spezielle Theorie konstruierten Wirklichkeit ist, zur Unterscheidung *Natur* nennen. Die Natur wäre dann gegenüber dem Wechsel der erschlossenen Wirklichkeiten unveränderlich, also invariant. Bei dieser Vorstellung geben die sich möglicherweise widersprechenden erschlossenen Wirklichkeiten nicht die Natur wieder. Der Allgemeinen Relativitätstheorie und der speziell-relativistischen Gravitationstheorie mit ihren völlig unterschiedlichen erschlossenen Wirklichkeiten werden durch dieselbe Natur Grenzen gesetzt.

2.7. Korrelierte Handschuhe und lokaler Realismus

Wir werden in den späteren Abschnitten immer wieder die Quantenphysik der klassischen Physik gegenüberstellen. Es wird oft die Ansicht geäußert, dass der Anwendungsbereich klassischer Theorien die Makrophysik ist und sich Quantentheorien auf den Mikrobereich beziehen. Das ist schon deshalb nicht richtig, weil auch die Quantenphysik Systeme beschreibt, die sich über mehrere Meter oder gar Kilometer erstrecken können. Der entscheidende Unterschied zur klassischen Physik besteht darin, dass die Quantentheorie Phänomene begründen kann, für die die klassische Physik versagt. Es gibt einen nicht-klassischen Anwendungsbereich. Ob die Quantentheorie darüber hinaus auch die Phänomene der klassischen Physik erklären kann, werden wir später untersuchen. Das, was wir in den vorangegangenen Abschnitten ganz allgemein über die Struktur physikalischer Theorien, über die Rolle der Interpretation und der Konstruktion von Wirklichkeit festgestellt haben, gilt für klassische Physik und Quantenphysik in gleicher Weise. Erst in den genauen Ausgestaltungen sind wesentliche Unterschiede zu erkennen. Ob eine Theorie in den Bereich der klassischen Physik oder den der Quantenphysik gehört, sieht man daran, wie diese Theorie interpretiert wird und insbesondere welche Art von Wirklichkeit daraus folgt. Selbstverständlich kommen auch noch unterschiedlich strukturierte mathematische Teile dazu, an denen man schnell erkennen kann, ob eine Aussage beispielsweise der klassischen statistischen Mechanik oder der Quantenstatistik entstammt.

Wir werden in den restlichen Abschnitten dieses Kapitels in zweifacher Weise auf die Quantentheorie vorbereiten: Um später besser vergleichen zu können, soll die Struktur der Wirklichkeit in der klassischen Physik näher charakterisiert werden. Weiterhin werden wir, um konkret zu sein, ein bestimmtes klassisches System herausgreifen und näher beschreiben. Wir wählen das polarisierte klassische Licht, das dann ein quantenmechanisches Gegenstück in einzelnen polarisierten Photonen hat.

Zu den Photonen kommen wir im nächsten Kapitel. Zunächst wollen wir, gerade auch im Hinblick auf die Abgrenzung von der Quantenphysik, die klassische Physik durch die zwei Prinzipien des *lokalen Realismus* charakterisieren. Am Beispiel eines *Handschuhpaars* lässt sich verdeutlichen, was damit gemeint ist.[4] Ein Handschuhpaar besteht aus einem linken und einem rechten Handschuh. Ein Mann verlässt in einem kalten Winter sein Haus, und nachdem er ein Stück gegangen ist, will er sich seine Handschuhe anziehen. Er greift in die Tasche und findet nur den rechten Handschuh. Unter der Voraussetzung, dass er den linken Handschuh nicht verloren hat, muss dieser sich noch zu Hause befinden. Wann auch immer jemand dort den anderen Handschuh findet, stellt er mit Sicherheit fest, dass es ein linker ist. An diesem einfachen Geschehen lässt sich ablesen, was sowieso schon jeder über die Wirklichkeit der klassischen Welt weiß: Den Mann gibt es wirklich. Die Handschuhe gibt es ebenfalls wirklich. Der Griff in die Tasche ist ein spezieller Eingriff. Mit ihm wird gewissermaßen gemessen, ob die Handschuheigenschaft «linker» oder «rechter» vorliegt. Diese

Messung ändert weder den einzelnen Handschuh noch das System Handschuhpaar ab. Es stand schon vor der Messung seit Verlassen des Hauses fest, dass sich ein rechter Handschuh in der Tasche befindet. Die Messung hat nicht etwa ein Gebilde, das vorher weder ein rechter noch ein linker Handschuh war, erst in einen rechten Handschuh verwandelt. Zu Hause lag die ganze Zeit über der linke Handschuh. Es ist auch nicht so, dass durch die Feststellung, dass sich der rechte Handschuh in der Tasche befindet, gleichzeitig zu Hause etwas, das weder ein rechter noch ein linker Handschuh war, in einen linken Handschuh verwandelt hätte. Und schließlich: Nehmen wir an, unser Mann muss noch an vielen Wintertagen sein Haus verlassen, und stellen wir uns vor, dass er extrem vergesslich ist. Dann wird er mal den rechten und mal den linken Handschuh zu Hause lassen, aber immer das jeweilige Gegenstück beim Griff in die Tasche vorfinden. Die Ergebnisse der Messungen an den beiden Handschuhen sind in einer speziellen Weise perfekt *korreliert*, weil die beiden Handschuhe am Anfang als ein Handschuhpaar «präpariert» wurden. Die Korrelationen beruhen nicht auf einer Wechselwirkung zwischen den Handschuhen, sondern lagen von Anfang an fest.

Diese sehr einfachen Beobachtungen bekommen ihre Bedeutung dadurch, dass wir mit Quantenobjekten in den in Kapitel 4 genauer beschriebenen verschränkten Zuständen ganz andere Erfahrungen als mit Handschuhen machen werden. Wie wir sehen werden, unterscheiden sich die Aussagen über die Wirklichkeit im Bereich der Quantenphänomene fundamental von den Aussagen, die wir oben über Handschuhe gemacht haben. Wir werden dazu statt mit zwei Handschuhen Experimente mit Paaren von polarisierten Photonen machen.

An dieser Stelle geben wir zunächst die beiden Prinzipien an, durch die Albert Einstein, Boris Podolsky und Nathan Rosen in ihrer berühmten Arbeit von 1935 die klassische Physik charakterisiert haben.[5] Sie geben auch unsere Erfahrungen mit Handschuhen wieder. *Eigenschaften* (z. B. die Energie) klassisch beschreibbarer physikalischer Systeme sind diejenigen Größen, deren Wert man mit Sicherheit vor der entsprechenden Messung (z. B. Energiemessung) vorhersagen kann. Alle diese Eigenschaften liegen real bereits vor der Messung vor. Das System «hat sie». Sie sind Elemente der physikalischen Wirklichkeit. Ihr Wert ist unabhängig davon, ob er gemessen wird oder nicht. Wir nennen dieses Realitätskonzept der klassischen Physik *Einstein-Realität.*[6]

Diese physikalische Realität lässt sich in lokaler Weise beschreiben. Das heißt, dass jedes System seine Eigenschaften unabhängig davon hat, welche Eingriffe gleichzeitig an anderen, davon räumlich getrennten Systemen vorgenommen werden. Nach der Relativitätstheorie gibt es keine *Fernwirkung*, also keine Wirkung, die ohne Zeitverzögerung auftritt. Die direkte Einwirkung auf ein System erfolgt aus der unmittelbaren Umgebung. Dies ist die *Einstein-Lokalität.*[7] Zusammenfassend kann man sagen: *Die klassische Physik wird durch lokal-realistische Theorien beschrieben.*

2.8. Elektromagnetische Wellen und polarisiertes Licht

Um konkret zu sein, wenden wir uns einem speziellen physikalischen System zu. Zunächst machen wir noch eine Vorbemerkung. Wenn wir einen Stein ins Wasser werfen, dann breiten sich um den Aufschlagpunkt herum kreisförmige Wellen aus. Wir wiederholen den Versuch und legen kleine Korken aufs Wasser. Dann sehen wir, dass irgendein herausgegriffener Wellenberg sich immer weiter entfernt, dass die Korkstückchen aber am selben Ort bleiben und sich nur auf und ab bewegen. Die Korken zeigen, dass die Wasserwellen in vertikaler Richtung schwingen, also senkrecht zur Wasseroberfläche. Wenn der laufende Wellenberg sehr hoch ist und nach einer Zeit beispielsweise auf ein kleines Boot trifft, dann kann er das Boot zum Kentern bringen. Entsprechendes gilt für ein Wellental. Die Welle transportiert die hierzu nötige Energie und den Impuls. Für die Einwirkung auf das Boot ist ein hoher Wellenberg genauso katastrophal wie ein tiefes Wellental. Für die Energie der Welle kommt es also nicht darauf an, ob die Wasseroberfläche nach oben oder nach unten ausgelenkt wird. Die Energiedichte, das ist die in einem Volumen enthaltene Schwingungsenergie, ist dem Quadrat der Maximalauslenkung proportional. Die Maximalauslenkung und folglich die Energiedichte der Welle lässt sich messen, indem man die Bewegung eines Korkenstückchens verfolgt. Das Korkenstückchen dient dann als Probeteilchen (vgl. Abschn. 2.2).

Elektromagnetische Wellen verhalten sich sehr ähnlich. Sie sind Elemente des erschlossenen Wirklichkeitsbereichs eWB der Elektrodynamik. Ein sich änderndes Magnetfeld erzeugt ein elektrisches Feld und umgekehrt. Das führt dazu, dass beide Felder eine sich ausbreitende Wellenbewegung ausführen, die der Bewegung der Wasserwellen in der mathematischen Beschreibung sehr ähnlich ist. Wasserwellen schwingen nur senkrecht zur Oberfläche des Wassers. Die elektromagnetischen Wellen, das sind Radiowellen, Lichtwellen, Röntgenstrahlung usw., schwingen senkrecht zur Ausbreitungsrichtung; dabei sind alle Schwingungsrichtungen möglich. Um diesen Sachverhalt besser zu veranschaulichen, stellen wir uns den Spezialfall vor, dass eine *linear polarisierte* elektromagnetische Welle eine Ausbreitungsrichtung parallel zur Erdoberfläche hat. Dann kann der elektrische Vektor **E** der Welle horizontal, vertikal oder in jeder anderen dazwischenliegenden Richtung schwingen, die senkrecht auf der Ausbreitungsrichtung steht. Die Schwingungsrichtung nennt man die *Polarisationsrichtung* (vgl. Abb. 2.4). Das elektrische Feld bewirkt eine Kraft, die an einer Probeladung angreifen kann. Im Prinzip registriert man das schwingende elektrische Feld der elektromagnetischen Welle mit Hilfe von Probeladungen, deren Mitschwingen man ähnlich wie bei den Korkenstückchen beobachtet. Das gehört in den Grundbereich GB. Die Energiedichte der elektromagnetischen Welle ist dem Quadrat der elektrischen Feldstärke proportional. Die Ausbreitungsgeschwindigkeit einer elektromagnetischen Welle im Vakuum ist gleich der Lichtgeschwindigkeit. Sie hat in allen Inertialsystemen den gleichen Wert. Auf dieser Erfahrung baut die Spezielle Relativitätstheorie auf. Wir weisen noch darauf hin, dass das magnetische Feld der elektromagnetischen Welle ebenfalls wellenförmig schwingt und den gleichen Beitrag zur Energiedichte liefert. Licht ist eine elektromagnetische Strahlung, deren Frequenz aus einem Bereich stammt, für den unser Auge empfindlich ist. Die Lichtstrahlen bilden im Vakuum gerade Linien. Licht einer natürlichen Lichtquelle, etwa einer Glühlampe, enthält mit gleicher Häufigkeit Licht aller möglichen Polarisationsrichtungen.

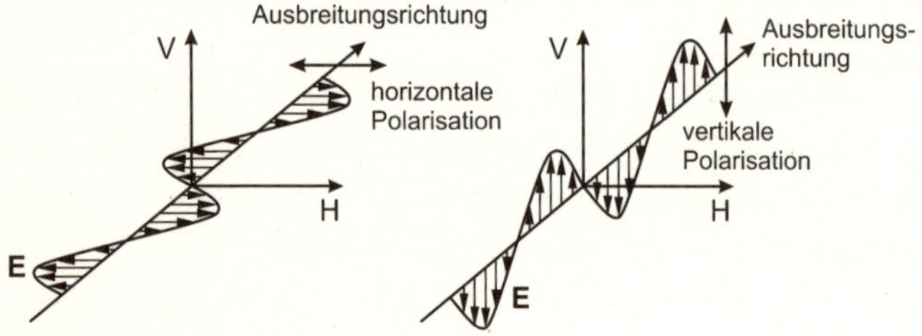

Abbildung 2.4: Elektrisches Feld einer horizontal (H) bzw. vertikal (V) polarisierten elektromagnetischen Welle.

2.9. Gerätesammlung

Wir dürfen unseren Ausflug in die klassische Physik nicht beenden, ohne noch einen Blick auf die Geräte zu werfen, mit deren Hilfe man linear polarisiertes Licht erzeugt, manipuliert und misst. Genau denselben Apparaten werden wir wieder begegnen, wenn wir im nächsten Kapitel die Experimente mit einzelnen Quanten des Lichts beschreiben. Wir denken uns alle Geräte auf einer Tischplatte aufgebaut. Die Lichtstrahlen sollen parallel zu dieser Oberfläche verlaufen. Mit H bezeichnen wir horizontale Polarisation und mit V vertikale Polarisation. Mit einem *Polarisator* P_δ kann man aus natürlichem Licht polarisiertes Licht mit einer bestimmten Polarisationsrichtung δ erzeugen. Aus Platzmangel können wir weder beim Polarisator noch bei den anderen Geräten, die wir noch beschreiben werden, im Einzelnen erklären, worauf ihre Wirkungsweise beruht. Hierzu muss auf die Lehrbücher der Experimentalphysik verwiesen werden.

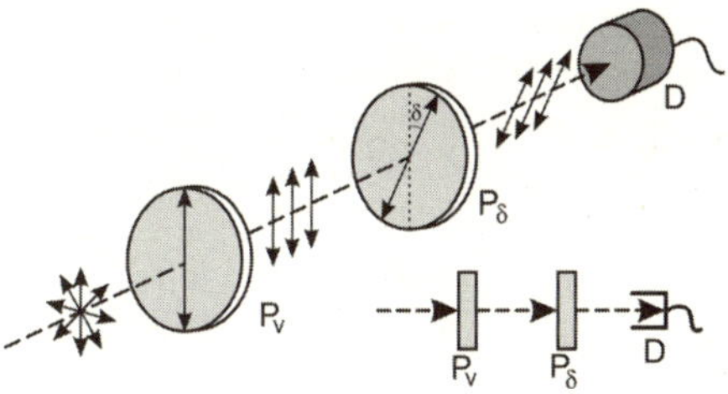

Abbildung 2.5: Der Polarisator P_V lässt nur vertikal polarisiertes Licht durch. Es fällt auf den um den Winkel δ gedrehten Polarisator P_δ und auf den Detektor D. Das Schaltbild unten gibt den Versuchsaufbau schematisch wieder.

Der Polarisator lässt nur Licht einer bestimmten Polarisationsrichtung durch. Anderes Licht absorbiert er. In Abbildung 2.5 ist dieses Licht hinter dem Polarisator P_V vertikal polarisiert. Die Richtung der Doppelpfeile deutet das an. Woher wissen wir das? Wir lassen das Licht auf einen zweiten Polarisator P_δ fallen, der gegen den ersten um einen Winkel δ verdreht ist, und verwenden ihn als *Analysator*. Er soll nur Licht der um δ gedrehten Polarisationsrichtung durchlassen. Die vertikale Richtung entspricht $\delta = 0°$. Hinter dem Analysator P_δ bauen wir einen *Detektor* D auf, mit dem wir die Intensität des auffallenden Lichts messen. In Abbildung 2.5 ist das schematisch dargestellt. Wir drehen den Analysator und stellen für die im Detektor als Funktion des Drehwinkels δ registrierte Intensität Folgendes fest: Mit zunehmendem δ wird die Intensität immer schwächer und bei $\delta = 90°$ tritt gar kein Licht mehr durch. Drehen wir weiter, so erhöht sich die Intensität, bis sie bei $\delta = 180°$ wieder den Maximalwert hat, den sie auch bei $\delta = 0°$ hatte.

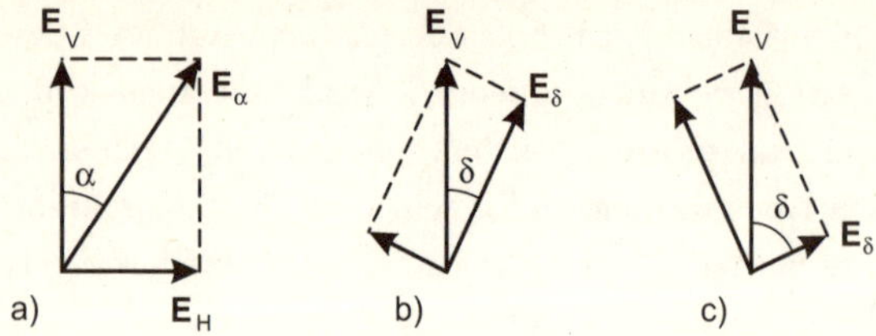

Abbildung 2.6: a) Zerlegung des Vektors $\mathbf{E}_\alpha$ der elektrischen Feldstärke in seine horizontale und vertikale Komponente $\mathbf{E}_H$ bzw. $\mathbf{E}_V$. b,c) Der um den Winkel δ verdrehte Polarisator P_δ in Abbildung 2.5 lässt nur die Komponente $\mathbf{E}_\delta$ durch.

Dies wird unmittelbar verständlich, wenn wir uns an die Parallelogrammregel für die Vektoraddition bzw. für die Vektorzerlegung erinnern und sie auf das elektrische Feld übertragen. Wir betrachten eine linear polarisierte Welle. Das Maximum des zugehörigen Feldes $\mathbf{E}_\alpha$ soll um den Winkel α gegen die Vertikale gedreht sein (vgl. Abb. 2.6 a). Dieser Vektor lässt sich durch Vektoraddition ähnlich wie in Gleichung (2.2) aus dem horizontalen elektrischen Feld $\mathbf{E}_H$ und dem vertikal orientierten elektrischen Feld $\mathbf{E}_V$ zusammensetzen oder, anders betrachtet, nach der vertikalen Komponente $\mathbf{E}_V$ und der horizontalen Komponente $\mathbf{E}_H$ zerlegen:

$$\mathbf{E}_\alpha = \mathbf{E}_H + \mathbf{E}_V \, . \qquad \textbf{(2.2)}$$

Die Vektoren $\mathbf{E}_H$ und $\mathbf{E}_V$ ergeben sich durch Projektion von $\mathbf{E}_\alpha$ auf die Horizontale bzw. Vertikale.

Im Versuchsaufbau von Abbildung 2.5 ist $\mathbf{E}_V$ die vom Polarisator P_V durchgelassene Komponente. Sie trifft auf den Polarisator P_δ und muss weiter zerlegt werden. In Abbildung 2.6 b, c ist die vom Polarisator P_δ durchgelassene Komponente $\mathbf{E}_\delta$ für verschiedene Winkel δ eingezeichnet. Nur Licht mit der Polarisation $\mathbf{E}_\delta$ gelangt in den Detektor D. Die Intensität ist dem Quadrat der Feldstärke proportional. Dies erklärt dann schließlich die Abhängigkeit der registrierten Intensität vom Drehwinkel δ. Die Abbildungen 2.6 und die Gleichung (2.3) werden wir mit einer anderen physikalischen Interpretation in der Quantentheorie wiederfinden. Dort ist die Situation mathematisch sogar noch einfacher, da der Vektor, der in die beiden anderen Vektoren zerlegt wird, die Länge eins hat.

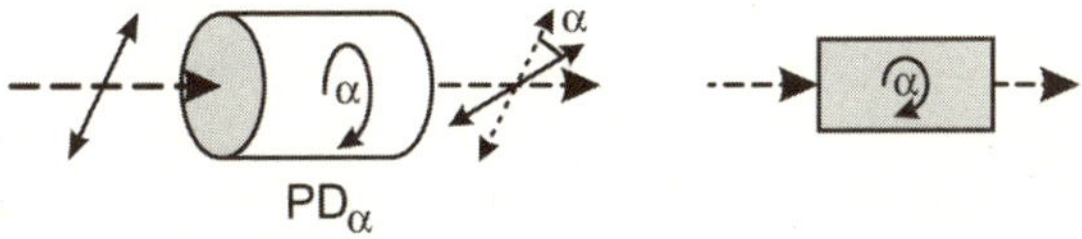

Abbildung 2.7: Der Polarisationsdreher PD_α dreht eine Polarisationsrichtung um den Winkel α.

Ein *Polarisationsdreher* PD_α ist ein Gerät, das eine beliebige Polarisationsrichtung um einen festen Winkel α dreht, den man einstellen kann. Es ist schematisch in Abbildung 2.7 dargestellt. Wir werden später der Einfachheit halber nur noch das daneben stehende Schaltbild verwenden. Ob der Polarisationsdreher tatsächlich nach unserer Vorschrift funktioniert, können wir dadurch feststellen, dass wir ihn zwischen Analysator und Polarisator bringen und mit dem Analysator prüfen, ob die gewünschte Drehung der Polarisationsrichtung stattfindet. Wir werden weiterhin *Spiegel* verwenden, die den Lichtstrahl durch Reflexion auf eine neue Bahn lenken, ohne dass sich dabei die Polarisationsrichtung ändert.

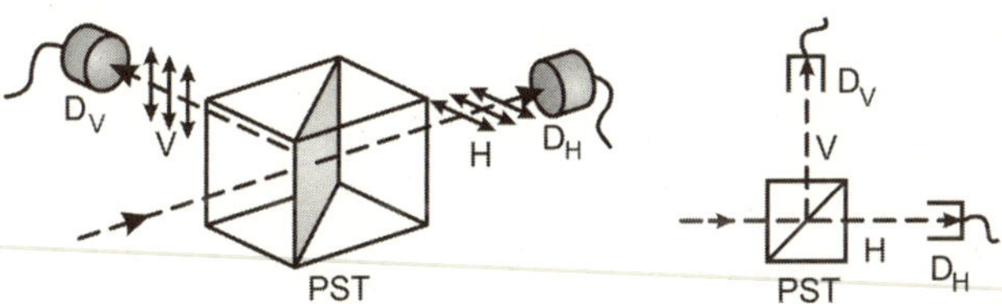

Abbildung 2.8: Der polarisierende Strahlteiler PST zerlegt beliebig polarisiertes Licht in seine horizontale und vertikale Komponente. Die Komponenten treten in verschiedenen Richtungen aus und können von den Detektoren D_V und D_H registriert werden.

Schließlich müssen wir noch den *polarisierenden Strahlteiler* PST beschreiben, der für unsere Zwecke besonders nützlich sein wird. Er zerlegt linear polarisiertes Licht beliebiger Polarisationsrichtung in seine horizontale und seine vertikale Komponente wie in Abbildung 2.6 a und führt diese Komponenten in verschiedenen Richtungen weiter. Die horizontal polarisierte Komponente tritt dabei in gerader Linie durch, der Strahl der vertikalen Komponente wird im rechten Winkel reflektiert. In Abbildung 2.8 wird links die Wirkungsweise in räumlicher Darstellung skizziert. Das Schaltbild rechts daneben gibt in stark vereinfachter Weise den Blick von oben wieder. Im Schaltbild wird die Ablenkung der vertikalen Komponente um 90° schematisch wie eine Reflexion an einem Spiegel dargestellt. In Wirklichkeit liegt im polarisierenden Strahlteiler PST keine Reflexion an einem Spiegel vor. D_V und D_H bezeichnen die Detektoren, die auf den Strahlengängen V bzw. H stehen. Damit haben wir auf dem Tisch alle optischen Geräte aufgebaut, die wir für unsere Experimente mit polarisiertem Licht benötigen. Aber noch wird das Licht, das wir verwenden, typischerweise von einer Glühbirne produziert. Es ist klassisches Licht. Wir brauchen zu seiner Beschreibung nur die klassische Elektrodynamik. Der entscheidende Schritt besteht nun im Übergang zu Quantenlicht. Wie das geschieht, beschreiben wir im nächsten Kapitel.

3. Einzelne Quantensysteme: Grunderfahrungen und Theorie

In diesem Kapitel begegnen wir zum ersten Mal der Quantenwelt. Wir beschränken uns dabei noch auf Quantensysteme, die nicht aus mehreren Objekten oder Systemen zusammengesetzt sind. Am Beispiel der linearen Polarisation von Photonen als Quantensystem lassen sich die grundlegenden Effekte der Quantentheorie und die Elemente ihrer theoretischen Beschreibung besonders einfach darstellen. Im Folgenden wird die Frage nach der Existenz einer Quantenwelt besprochen. Die Konzepte Zustand, Eigenschaft und Messung bekommen eine – verglichen mit der klassischen Physik – neue Bedeutung. Das hat immer wieder für Verwirrung gesorgt und das Verständnis der Quantentheorie erschwert. Schließlich werden zwei techniknahe Anwendungen vorgestellt, die die Besonderheiten von Quantenzuständen und des Quantenmessprozesses noch einmal verdeutlichen.

3.1. Photonen, die Quantenobjekte des Lichts

Das physikalische System, das als erstes die Formulierung einer Quantentheorie nahegelegt hat, war das Licht. Die Hohlraumstrahlung ist die elektromagnetische Strahlung, die sich in einem Hohlraum herausbildet, dessen Wände eine einheitliche Temperatur haben. Am Ende des vorvorigen Jahrhunderts stellte die Spektralverteilung dieser Strahlung, also die charakteristische Weise, in der sich ihre Intensität mit der Frequenz verändert, für die Physiker ein großes Rätsel dar. Max Planck (1858–1947) konnte in einer Arbeit, die er am 14. Dezember 1900 vorlegte, eine befriedigende Lösung des Rätsels vorschlagen. Die Hohlraumstrahlung enthält

Licht verschiedener Frequenzen. Planck betrachtete die Gesamtenergie, die zu einer Frequenz gehört. Er nahm an, dass sie aus gleichen, sehr kleinen Energieportionen zusammengesetzt ist. Planck nannte diese Energieportionen Energieelemente. Sie heißen heute Energiequanten oder auch Lichtquanten. Es ist bemerkenswert, dass Planck in seiner Arbeit noch nicht von einer fundamentalen Quantennatur der Strahlung spricht. Er führt die Quantelung der Strahlungsenergie stattdessen auf das Verhalten von Oszillatoren in der Wand des Hohlraums zurück, die die Strahlung emittieren. Er hat also die richtige Rechnung durchgeführt, aber eine noch unbefriedigende physikalische Begründung dafür gegeben.

Erst in einer Arbeit von Albert Einstein (1879–1955) aus dem Jahr 1905 wurde die Lichtquantenhypothese aufgestellt. Beim Fotoeffekt trifft Licht auf eine Metalloberfläche und löst Elektronen heraus. Einstein konnte die dabei beobachteten Effekte mit Hilfe der Annahme begründen, dass das Licht selbst aus Energieportionen der Größe $E = h\upsilon$ besteht. Dabei ist $h = 6{,}63 \cdot 10^{-34}$ Joule·Sekunden die Plancksche Konstante. In den physikalischen Einheiten der Alltagsphysik ist E ein extrem kleines Energiepaket. Das ist mit ein Grund dafür, dass man erst zu Beginn des vorigen Jahrhunderts eine solche gekörnte – also *gequantelte* – Struktur der Strahlungsenergie beobachten konnte. Wenig später hat Albert Einstein mit Hilfe der Quantenhypothese eine befriedigende Theorie der spezifischen Wärme fester Körper aufgestellt und dadurch dem Quantenkonzept allgemeine Anerkennung verschafft. Max Planck blieb aber skeptisch und fand auch in späteren Jahren, wie mancher ihrer Gründerväter, die Quantentheorie unbefriedigend. Mit Hilfe der Quantenhypothese gelang Niels Bohr (1885–1962) in seiner Atomtheorie von 1913 eine erste Erklärung der Spektren der Atome. Das experimentelle Material und der Erfolg dieser Theorie waren trotz mancher Ungereimtheiten dann so groß, dass immer mehr junge Physiker es als eine große Herausforderung empfanden, für Licht und Materie eine befriedigendere Theorie der Quantenphänomene zu entwickeln. Im Jahr 1921 erhielt Albert Einstein den Nobelpreis in erster Linie für seine Arbeit zum Fotoeffekt.

Damit beenden wir eine sehr kurze Darstellung der Anfänge der Quantentheorie. Wir fassen zusammen, was wir für das Verständnis der nächsten Abschnitte benötigen: *Die Energie des Lichts einer bestimmten Frequenz setzt sich aus vielen gleichgroßen Energieportionen zusammen. Es gibt eine kleinste Energieportion, die nicht mehr zerteilt werden kann.*

Wir wenden uns einem Experiment zu. Nehmen wir an, dass wir eine Quelle für Licht der Frequenz υ haben und ihre Energiedichte immer weiter verringern. Nehmen wir weiterhin an, dass sich andererseits die Empfindlichkeit eines Detektors für Licht immer weiter steigern lässt. Wir stellen Quelle und Detektor einander gegenüber und schalten die Quelle an. Der Detektor spricht nur von Zeit zu Zeit an und macht einen Klick. Dabei nimmt er immer dieselbe Energieportion $E = h\upsilon$ auf, niemals weniger. Die Energie ist eine Austauschgröße. Die Energieerhaltung besagt, dass die Energie, die von einem System aufgenommen wird, zuvor von einem anderen System abgegeben wurde. Wenn also der Detektor eine Energieportion aufnimmt und klickt, hat die Quelle vorher diese Energieportion abgegeben. Das ist alles, was wir aus der Beobachtung schließen können, mehr nicht. Die *Minimalinterpretation* macht keine weiteren darüber hinausgehenden Aussagen, insbesondere nicht darüber, was zwischen Emission und Absorption passiert. Wir kommen darauf in Abschnitt 3.3 ausführlich zurück.

Man verständigt sich über den Ablauf von Experimenten besonders leicht, wenn man über die Minimalinterpretation hinausgeht. Aus diesem Grund wollen wir das auch hier tun, aber den Schritt später noch einmal überdenken, wenn wir weitere Experimente kennen gelernt haben. Da in unserem Experiment an einem Ort eine Energieportion abgegeben und an einem anderen Ort aufgenommen wird, können wir annehmen: Da war etwas zwischen

Quelle und Detektor, denn der Detektor konnte die Energieportion entnehmen. Wir nennen es ein *Photon*. Es hat die Energie E. Und da wir im Zusammenhang mit Photonen eine Vielzahl weiterer, für alle Beobachter gleiche, also objektive Aussagen im Rahmen einer Quantentheorie machen können, werden wir beim Photon auch von einem *einzelnen Quantenobjekt* sprechen. Ein Photon kann Gegenstand von Eingriffen werden. Zwei haben wir bereits kennen gelernt: die Präparation durch die Quelle und die Detektion. Wenn man sich den Abschnitt 2.5 über die physikalische Wirklichkeit in Erinnerung ruft, dann sieht man, dass wir mit unserer Interpretation faktisch bereits einen großen Schritt gemacht haben: *Einzelne Photonen sind Objekte einer erschlossenen Wirklichkeit.*

Die Emissions-Absorptions-Situation ähnelt einer anderen Situation, an der sich unser Vorgehen verdeutlichen lässt. Wir können Geld bei einer Bank immer nur in Vielfachen von einem Cent einbezahlen. Eine kleinere Geldmenge gibt es nicht. Die Geldmenge ist also gequantelt. Nachdem wir einbezahlt haben, kann jemand an einem anderen Ort diese Geldmenge beispielsweise in Form einzelner Centstücke wieder abheben. Wieder muss der Betrag ein Vielfaches von einem Cent sein. Einen anderen Betrag bekommt er in Münzen oder Geldscheinen nicht ausgehändigt. Wir können den Energieverlust und den Energiegewinn, ähnlich wie die Vorgänge am Bankschalter, direkt beobachten. Man kann sich auf das beschränken, was der Bankkunde sehen kann. Wenn man die entsprechenden Vorgänge im Detail beherrscht, kann man bereits alle Bankgeschäfte abwickeln. Das entspricht einer Minimalinterpretation.

Klassisches Licht einer bestimmten Frequenz enthält sehr viele gleichartige Photonen. *Quanteneffekte*, also die Effekte, die sich mit der Theorie für klassisches Licht nicht erklärt lassen, treten insbesondere dann auf, wenn Experimente mit sehr wenigen Photonen oder, wie in diesem Kapitel, mit *nur einem einzigen Photon* gemacht werden. Das Überraschende und scheinbar Paradoxe vieler Effekte beruht häufig darauf, dass man bei einem Erklärungsversuch die kleinste Energieportion nicht mehr aufteilen darf. *Ein Photon ist unteilbar*. Es zerfällt nicht, und man kann es nicht «aufspalten». In dem Energiebereich, den wir hier untersuchen, trifft das auch auf Elektronen, Protonen und alle anderen Elementarteilchen zu.

Wir werden im Folgenden nur linear polarisiertes Licht verwenden. Wir haben einzelne Photonen erhalten, indem wir die Intensität des klassischen Lichts immer weiter verringert haben. Umgekehrt müssen sehr viele Photonen zusammen sich wieder wie klassisches linear polarisiertes Licht verhalten. Diese Bedingung werden wir in einigen Argumentationen ausnutzen. Wir müssen daher schon dem einzelnen Photon eine weitere Struktur zuordnen, die sich in speziellen Situationen wie eine lineare Polarisation äußert. *Diese innere Struktur ist das* Quantensystem, *auf das wir uns konzentrieren werden*, da es so besonders einfach und dennoch typisch ist. Das mag an dieser Stelle geheimnisvoll klingen. Aber es lässt sich jetzt schon sagen, dass Photonen sicherlich nicht die kleinen Kügelchen sind, wie man sie in manchen Abbildungen findet, die als Ausdruck der Polarisation noch von kleinen Pfeilen durchbohrt sind. Aber was ist stattdessen gemeint? Das ist eine Frage, der wir in den nächsten Abschnitten im Einzelnen nachgehen werden. Um in die seltsame Welt der Photonen und ihrer Polarisation vorzudringen, müssen zunächst einige Experimente durchgeführt werden, und die stellen wir jetzt vor.

3.2. Erster Kontakt mit der Quantenwelt

«Die Quantenmechanik ist sehr Achtung gebietend. Aber eine innere Stimme sagt mir, dass das doch nicht der wahre Jakob ist. Die Theorie liefert viel, aber dem Geheimnis des Alten bringt sie uns kaum näher. Jedenfalls bin ich überzeugt, dass der nicht würfelt.»

Albert Einstein[8]

Bohr soll darauf geantwortet haben: «Einstein, schreiben Sie Gott nicht vor, was er zu tun hat.» Worauf wollte Einstein mit «Würfeln» hinweisen? Für die Experimente mit einzelnen Photonen greifen wir auf unsere Gerätesammlung zurück. Wir verwenden weiterhin die Abbildungen und Schaltbilder aus Abschnitt 2.9. Wieder werden die Geräte auf einer horizontalen Tischplatte aufgebaut. Die Schaltbilder zeigen den Blick von oben. Durch die gestrichelten Verbindungslinien wird nur die relative Lage der Geräte zueinander verdeutlicht werden. Mit den Linien sollten aber keine Wege assoziiert werden, längs derer die Photonen wie Kugeln fliegen. Wir wollen mit Interpretationen so sparsam wie möglich umgehen und erst im nächsten Abschnitt weitere Interpretationsschritte machen. Unsere Gerätesammlung muss noch um ein wichtiges Gerät erweitert werden. Es handelt sich um eine *Ein-Photon-Quelle* EPQ. Auf ihre Realisierung, die nicht einfach ist, können wir hier nicht eingehen.[9] Die Quelle emittiert einzelne Photonen und zeigt dies an. Es gibt sogar Quellen, die einzelne Photonen gewissermaßen «auf Knopfdruck» produzieren.

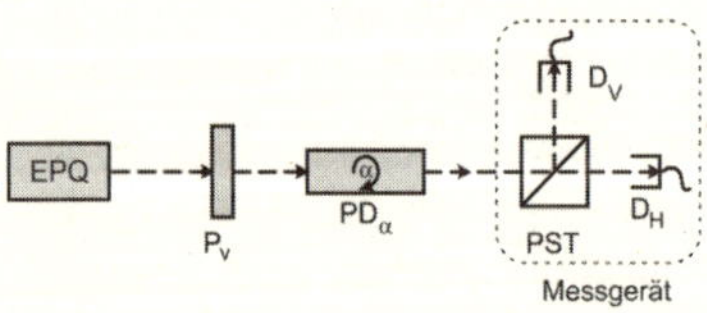

Abbildung 3.1: Ein einzelnes Photon verlässt die Ein-Photon-Quelle EPQ. Einer der Detektoren D_H oder D_V spricht an. Dazwischen sind der Polarisator P_V und der Polarisationsdreher PD_α aufgebaut.

Wir bauen das in Abbildung 3.1 skizzierte Experiment auf. Es besteht aus der Ein-Photon-Quelle EPQ, dem Polarisator P_V für vertikale Polarisation und dem polarisierenden Strahlteiler PST mit den Detektoren D_V und D_H. Gegen Einflüsse aus der Umgebung auf das Photon soll die Anlage *isoliert* sein. Wir bezeichnen die zuletzt genannten drei Geräte zusammengenommen als *Messgerät*. Das Ansprechen (Klicken) des Detektors D_V bzw. D_H ist ein *Messergebnis*. Ihm wird zur Abkürzung der *Messwert V* bzw. H zugeordnet. Was da eigentlich gemessen wird, klären wir später. Vor dem Messgerät ordnen wir noch den Polarisationsdreher PD_α an und stellen ihn so ein, dass er bei linear polarisiertem klassischem Licht eine Drehung der Polarisationsebene um den Winkel α bewirken würde. Die Photonenquelle wird eingeschaltet und emittiert nacheinander einzelne Photonen. Da sie derselben Quelle entstammen, sind sie alle in gleicher Weise *präpariert*. Was beobachten wir? Zunächst einmal: Ein Detektor reagiert nur dann, wenn vorher die Ein-Photon-Quelle die Emission eines Photons angezeigt hat.

Weiterhin reagiert immer nur entweder der Detektor D_V oder der Detektor D_H. In der Abfolge des Ansprechens ist keinerlei Regelmäßigkeit zu entdecken. Daher können wir auch nicht vorhersagen welcher Detektor ansprechen wird. Wenn ein Detektor angesprochen hat, ist es völlig *zufällig*, welcher Detektor beim nächsten Photon klicken wird.

Wenn wir das Experiment mit einzelnen Photonen sehr häufig wiederholen, machen wir eine weitere Beobachtung, die sich analog auch bei häufig wiederholtem Würfeln mit einem schlechten Würfel anstellen lässt. Wir würfeln zum Beispiel bei 6000 Würfen 5000mal die 6 und jeweils 200mal eine der Zahlen von 1 bis 5. Um die *relative Häufigkeit* eines Ergebnisses zu ermitteln, dividiert man durch die Gesamtzahl der Würfe und erhält für die 6 den Wert 5/6 und für die anderen Zahlen jeweils 1/30. Trotz des Zufalls beim einzelnen Wurf liegt bei unserem Würfel die relative Häufigkeit der Wurfergebnisse bei einer sehr großen Zahl von Würfen näherungsweise fest. Sie lässt sich immer wieder reproduzieren. Statt von relativer Häufigkeit spricht man auch gerne von *Wahrscheinlichkeit*. Man kann beim Würfeln eine sichere Prognose über Wahrscheinlichkeiten machen. Sie wird experimentell nachgeprüft, indem wir das Würfeln sehr oft wiederholen. Die Wahrscheinlichkeit, dass eine 6 gewürfelt wird, ist für unseren Würfel 5/6 und die für eine andere Zahl 1/30. Die Gesamtwahrscheinlichkeit ergibt sich als Summe aus den Einzelwahrscheinlichkeiten und ist gleich 1. Das besagt, dass sich irgendeine der Zahlen 1 bis 6 mit Sicherheit ergeben wird. Die Nachprüfung der Prognose «die Wahrscheinlichkeit für Ergebnis 6 ist 5/6» kann aber nicht durch einen einzelnen Wurf erfolgen. Wir müssen eine sehr große Zahl von Würfen durchführen und dann prüfen, ob die festgestellte relative Häufigkeit mit der behaupteten relativen Häufigkeit übereinstimmt. Wahrscheinlichkeit ist ein schillerndes Konzept. Wir präzisieren daher: Wenn wir eine Wahrscheinlichkeit für ein Messergebnis prognostizieren, dann ist damit immer die relative Häufigkeit gemeint, mit der dieses Ergebnis bei einer sehr häufigen Wiederholung des Experiments eintreten wird. Mehr wird in der Physik mit dem Wahrscheinlichkeitskonzept nicht verknüpft.

Doch zurück zu den Photonen. Es zeigt sich, dass auch in unserem Experiment die relativen Häufigkeiten des Ansprechens der Detektoren D_V und D_H bei vorgegebenem Drehwinkel α festliegen. Wir können für alle Drehwinkel α eine sichere Prognose machen. Sie wird experimentell nachgeprüft, indem wir das Experiment sehr oft wiederholen. *Photonen zeigen daher Zufall beim Ergebnis der Einzelmessung und völlige Bestimmtheit der relativen Häufigkeiten der Ergebnisse bei vielen wiederholten Messungen zu gleichem Drehwinkel* α. Wir beziehen uns dabei auf fehlerfrei funktionierende Präparations- und Messgeräte. Die Aussagen gelten im Grenzfall, dass alle Störungen, die im Labor auftreten können, beseitigt sind.

Wir wollen eine Quantentheorie formulieren, die diese Beobachtungen wiedergibt. Dafür gibt es verschiedene Ansätze. Betrachten wir noch einmal den Zufall beim Würfeln. Man kann die Bewegung eines Würfels mit Hilfe der klassischen Mechanik beschreiben. Wenn man alle Anfangsbedingungen genau festlegt, dann gibt es dazu nur eine wohlbestimmte Bewegung. Der Würfel zeigt ein *deterministisches Verhalten.* Das Ergebnis eines Einzelwurfs ist vorherbestimmt. Bei jedem Wurf führt aber die Handbewegung des Würfelnden zu immer wieder anderen Anfangsbedingungen. Dies geschieht so, dass die relativen Häufigkeiten der ausgewürfelten Zahlen für einen Würfel festliegen. Diesen Typ von Zufall, der bei klassisch beschreibbaren Systemen auftritt, bezeichnen wir als *deterministischen Zufall.* Dass wir nur Wahrscheinlichkeitsaussagen machen können, liegt in diesem Fall an unserer Unkenntnis (Ignoranz) des jeweiligen Anfangszustands.

Wir haben jetzt die Wahl: Wollen wir bei der Konstruktion einer Quantentheorie einen deterministischen Zufall einbauen? Oder wollen wir verlangen, dass es keinen deterministischen «Hintergrund» gibt? In diesem Fall beruhen Wahrscheinlichkeiten nicht auf unserer Ignoranz. Sie sind grundsätzlich nicht auflösbar.

In der Standard-Quantentheorie, die wir hier beschreiben werden, wählt man den zweiten Zugang und ist damit sehr erfolgreich. Aber wieder sollte klar sein, dass man zu diesem Vorgehen nicht gezwungen ist. Alternativtheorien könnten anders konstruiert sein. Wir kommen auf einen solchen Vorschlag in Abschnitt 4.4. zurück. Die Art des Zufalls ist also abhängig von der gewählten Theorie. Ein Wort noch zum Eingangszitat. Einstein war kein Freund der Standard-Quantentheorie. Gerade der irreduzible Zufall hat ihn gestört. Das sollte wohl stark vereinfacht im Zitat ausgedrückt werden.

Zurück zu unserem Experiment. Quantitativ stellen wir Folgendes fest: *Die Wahrscheinlichkeiten für die Messergebnisse an einzelnen Photonen verhalten sich in Abhängigkeit vom Winkel α*

völlig analog zu den Intensitäten beim linear polarisierten klassischen Licht. Das ist plausibel, denn sehr viele Photonen zusammen müssen klassisches Licht bilden. Durch diese *Analogie* bekommen wir den entscheidenden Hinweis darauf, wie sich eine Quantentheorie formulieren lässt, die die Ergebnisse unserer Messungen an einzelnen Photonen richtig wiedergibt. Wir werden in den nächsten Abschnitten wichtige Bauelemente dieser Theorie vorstellen.

3.3. Minimalinterpretation: «Es gibt keine Quantenwelt»

«Es gibt keine Quantenwelt. Es gibt nur eine abstrakte quantenphysikalische Beschreibung. Es ist falsch, wenn man denkt, die Aufgabe der Physik ist es herauszufinden, wie die Natur ist. Physik handelt von dem, was man über die Natur sagen kann.»

Niels Bohr[10]

Oben haben wir zur einfacheren Verständigung bereits im Vorgriff von Photonen gesprochen. Jetzt gehen wir wieder einen Schritt zurück und vollziehen den Theorienaufbau nach, wie er in Abschnitt 2.4 beschrieben wurde. Wir haben dort gesehen, dass wir zwei Dinge tun müssen, wenn wir eine physikalische Theorie für die im vorigen Abschnitt beschriebenen Erfahrungen konstruieren wollen: Wir müssen einen mathematischen Teil MT formulieren und ihm mit Abbildungsprinzipien AP eine physikalische Interpretation geben. Die Abbildungsprinzipien müssen Korrespondenzen zu Apparaten und Handlungsanweisungen enthalten, die mit Hilfe der Vortheorien beschreibbar und entsprechend auch realisierbar sind. In unserem Fall sagen uns die Vortheorien, wie wir die verwendeten Geräte (Analysator, Polarisator, Detektor usw.) zu konstruieren und zu bedienen haben. Der Detektor zeigt sein Ansprechen mit einem Klick an. Wir wissen was ein Polarisationsdreher ist und wie man einen Winkel α einstellen kann. Statt eine Ein-Photon-Quelle zu verwenden, reicht es in vielen Fällen, dass wir klassisches Licht immer intensitätsschwächer machen.

Dies alles stellt unseren Grundbereich GB dar, der ganz zur klassischen Physik gehört.

Für die mathematische Beschreibung der experimentellen Ergebnisse vom vorigen Abschnitt lassen wir uns vom Abschnitt 2.9 inspirieren. In Analogie zum Vektor $\mathbf{E}_\alpha$ des elektrischen Feldes beim linear polarisierten klassischen Licht (vgl. Abb. 2.6 a) führen wir einen *Vektor* $|\psi_\alpha\rangle$ ein. Alle Zeichen zusammen sind dabei als ein einziges Symbol zu lesen. Diese etwas umständliche Schreibweise hat im Rahmen der voll entwickelten Theorie große Vorteile, daher übernehmen wir sie hier. Dem Vektor $|\psi_\alpha\rangle$, der gegen die Vertikale um den Winkel α gedreht ist, geben wir die Länge eins. Die Abbildung 3.2 zeigt die Einzelheiten. Wir führen weiterhin zwei aufeinander senkrecht stehende Vektoren $|v_\alpha\rangle$ und $|h_\alpha\rangle$ ein, deren Vektorsumme gerade $|\psi_\alpha\rangle$ ergibt. Sie entstehen nach der Parallelogrammregel der Vektoraddition durch Projektion von $|\psi_\alpha\rangle$ auf die Vektoren $|V_\alpha\rangle$ und $|H_\alpha\rangle$, die beide ebenfalls die Länge eins haben:

$$|\psi_\alpha\rangle = |v_\alpha\rangle + |h_\alpha\rangle \tag{3.1}$$

Wir finden dann folgendes wichtige Ergebnis, das wegen der Analogie zu $\mathbf{E}_\alpha$, $\mathbf{E}_V$ und $\mathbf{E}_H$ von Gleichung 2.3 und Abbildung 2.6 a zu erwarten ist: *Die Quadrate der Längen von* $|v_\alpha\rangle$ *und von* $|h_\alpha\rangle$ *stimmen mit den beobachteten Wahrscheinlichkeiten für das Ansprechen der Detektoren* D_V *und* D_H *überein.* Auch die Intensität des Lichts ist ja dem Quadrat der elektrischen Feldstärke proportional. Das stellt, soweit es Messungen betrifft, bereits den ganzen mathematischen Teil MT der Theorie und seine physikalische Interpretation dar. Mehr brauchen wir in diesem Kapitel nicht. Diese 1926 von Max Born (1882–1970) aufgestellte Projektionsregel wird auch *die Bornsche Regel* genannt. Wir werden sie zur Berechnung der Wahrscheinlichkeiten immer wieder anwenden.

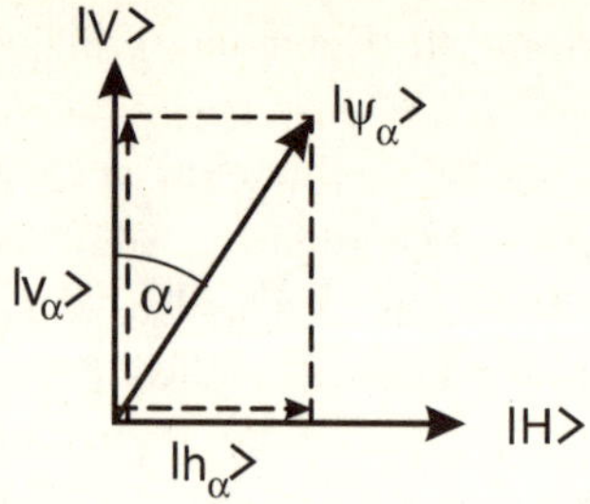

Abbildung 3.2: Zerlegung des Zustandsvektors $|\psi_\alpha\rangle$ mit der Länge eins nach den Projektionen $|v_\alpha\rangle$ und $|h_\alpha\rangle$ auf die Vektoren $|V_\alpha\rangle$ bzw. $|H_\alpha\rangle$.

Wir müssen in unserer Theorie noch mathematisch beschreiben, was im Versuchsaufbau von Abbildung 3.1 vor der Messung geschieht. Hinter der Ein-Photon-Quelle steht der Polarisator P_V. Er präpariert den Vektor $|\psi_0\rangle$, der zum Drehwinkel $\alpha = 0$ gehört. Dann folgt der Polarisationsdreher PD_α, bei dem der Drehwinkel α eingestellt ist. Seine mathematische Auswirkung besteht darin, dass durch Drehung von $|\psi_0\rangle$ um den Winkel α der Vektor $|\psi_\alpha\rangle$ entsteht. Die physikalische Auswirkung der Eingriffe von Polarisator und Polarisationsdreher sehen wir allerdings erst anschließend in der Messung, die wir bereits oben beschrieben haben. Damit sind die sehr unterschiedlichen Regeln angegeben, mit denen wir einerseits die Eingriffe außerhalb der Messung beschreiben und andererseits die Messergebnisse prognostizieren können. Die zentrale Rolle spielt dabei der Vektor $|\psi_\alpha\rangle$, der *Zustandsvektor* genannt wird.

Was haben wir über die physikalische Wirklichkeit erfahren? Die Aussagen auf der Beobachtungsebene, etwa über das Klicken der Detektoren, lassen sich ganz im Rahmen der Theorien der klassischen Physik formulieren, die als Vortheorien dienen. Sie können in diesem Rahmen aber nicht erklärt oder theoretisch begründet werden. Wir brauchen dazu den mathematischen Teil einer neuen

Theorie und entsprechende Abbildungsprinzipien. In der oben formulierten *Minimalinterpretation* taucht das Konzept eines Photons als eines Objektes in der Wirklichkeit nicht auf. Wir haben nur unsere Geräte, die wir auch zum Teil schon hatten, als wir klassisches polarisiertes Licht untersucht haben. Aber diese Geräte zeigen, wenn man eine Ein-Photon-Quelle verwendet, bei gleichem Aufbau ein völlig neuartiges Verhalten, das typischerweise durch Wahrscheinlichkeitsaussagen für Messergebnisse beschrieben wird. Wir haben offenbar einen neuen Bereich der Physik entdeckt, den wir in Abgrenzung zur klassischen Physik als *Quantenphysik* bezeichnen.

Damit wir uns schnell mit den Physikkollegen etwa darüber verständigen können, dass sie eine Ein-Photon-Quelle und extrem empfindliche Detektoren für die Versuche verwenden sollen, kann es allerdings nützlich sein, trotzdem das Wort *Photon* zu verwenden, wie wir das bereits der Einfachheit halber in den vorangegangenen Abschnitten getan haben. Damit wollen wir jedoch – bis jetzt jedenfalls – kein Element der Wirklichkeit bezeichnen. Das Wort Photon ist in der Minimalinterpretation nur eine *abkürzende Redeweise*, mit der wir eine Gesamtheit von Erfahrungen zusammenfassen und bezeichnen. Das Photon ist in diesem Zusammenhang etwas Ähnliches wie der *Regenbogen*, mit dem wir ebenfalls eine Gesamtheit von Erfahrungen bezeichnen. Die Erfahrungen werden aber nicht durch ein großes Objekt am Himmel verursacht. Man kann leider nicht an den Fuß des Regenbogens gehen, wo ja angeblich ein Schatz vergraben ist. Die *Minimalinterpretation* lässt sich zugespitzt folgendermaßen charakterisieren: *Es gibt eine Quantentheorie, mit der wir alle experimentellen Aussagen begründen und vorhersagen können, aber keine Quantenwelt.* Zu dieser Interpretation, die sich nur auf den Vektor $|\psi_\alpha\rangle$, seine Drehung und seine Projektionen bezieht, gehört eine Realitätsauffassung, die sehr schön in dem Zitat von Niels Bohr am Anfang dieses Abschnitts zum Ausdruck kommt.

3.4. Standardinterpretation: Der seltsame Quantenzustand

«Nun habe ich in den Gesprächen mit Einstein gesehen, dass er Anstoß nimmt an der für die Quantenmechanik wesentlichen Voraussetzung, dass der Zustand eines Systems erst durch Angabe einer Versuchsanordnung definiert ist ... Davon will Einstein absolut nichts wissen.»

Wolfgang Pauli (1900–1958)[11]

Wir werden einen anderen Standpunkt als Einstein vertreten. Die im vorigen Abschnitt beschriebene Minimalinterpretation hat den großen Vorteil, dass alle scheinbaren Paradoxien, die der Standard-Quantentheorie zugeschrieben werden, erst gar nicht auftreten können. Ihr großer Nachteil ist, dass durch sie keine Veranschaulichung und kaum physikalische Intuition angeregt wird. Sie führt auf eine selbst für Physiker etwas zu minimalistische Wirklichkeit. Tatsächlich sind wir ja auch schon über diese Wirklichkeit hinausgegangen, als wir das Photon-Konzept eingeführt haben. Die Grunderfahrung ist, dass die Quelle eine Energieportion erzeugt und dass der Detektor eine gleich große Energieportion (Photon) aufnimmt. Es ist deshalb sehr naheliegend zu sagen, dass sich zwischen den beiden Ereignissen die Energieportion wirklich in der Anlage befunden hat. *Wir fügen dementsprechend eine erste hypothetische Abbildung zur Minimalinterpretation hinzu und schreiben dem einzelnen Photon Realität zu.* Das einzelne Photon ist infolgedessen Teil eines über unsere Theorie erschlossenen Wirklichkeitsbereichs eWB (vgl. Abschn. 2.6). Es ist ein Objekt in einer *Quantenwelt*, die sich uns in der *Standardinterpretation* mit diesem ersten Schritt eröffnet.

Die Frage liegt nahe, ob der oben eingeführte Vektor $|\psi_\alpha\rangle$ möglicherweise ebenfalls eine Entsprechung in einer erschlossenen Wirklichkeit hat, ähnlich wie der Vektor **E** des elektrischen Feldes. Können wir in einer Situation, in der ein einzelnes Photon erzeugt wurde, dem mathematischen Symbol $|\psi_\alpha\rangle$ über eine Korrespondenzregel etwas zuordnen, das wir für physikalisch real halten?

Erinnern wir uns, welche Aufgaben der Vektor $|\psi_\alpha\rangle$ hat. Er dient einzig und allein dazu, über die Länge seiner Projektionen die relative Häufigkeit von Messergebnissen (Ansprechen des Detektors D_V bzw. D_H) zu prognostizieren. Es war ja gerade die überraschende Erfahrung, dass trotz wohlbestimmter Präparation für das einzelne Photon keine Prognose im Einzelfall möglich ist. Der zugehörige Messprozess ist ein *nicht-deterministischer Prozess*. Das Ergebnis ist nicht durch die Anfangsbedingungen festgelegt. Wir haben das als *irreduziblen Zufall* charakterisiert. Der Vektor $|\psi_\alpha\rangle$ kann sich also gar nicht auf ein einzelnes Photon beziehen. Hat daher $|\psi_\alpha\rangle$ eventuell gar keinen Realitätsbezug?

Betrachten wir wieder die Situation, in der sich ein einzelnes Photon in einem Versuchsaufbau befindet. Durch das *Präparationsverfahren*, dem das Photon entstammt bzw. das es durchlaufen hat, ist eindeutig festgelegt, mit welcher Wahrscheinlichkeit in nachfolgenden Messungen die verschiedenen Messergebnisse eintreten. Wir berechnen das mit Hilfe des Vektors $|\psi_\alpha\rangle$. Zu verschiedenen Präparationsverfahren, wie sie zum Beispiel durch verschiedene Drehwinkel α des Polarisationsdrehers PD_α gegeben sind, gehören verschiedene Vektoren $|\psi_\alpha\rangle$. Wenn wir also für einen Vektor $|\psi_\alpha\rangle$ eine Entsprechung in der Realität angeben wollen, dann müssen wir auf ein Präparationsgerät zeigen. *Der Zustandsvektor $|\psi_\alpha\rangle$ ist daher einem einzelnen Präparationsverfahren und dessen Realität zugeordnet. Er repräsentiert kein Element der erschlossenen Wirklichkeit. Das mathematische Objekt $|\psi_\alpha\rangle$ dient nur dazu, die Wahrscheinlichkeiten für die Ergebnisse aller möglichen Messungen an Quantensystemen zu berechnen, die das Präparationsverfahren durchlaufen haben.* $|\psi_\alpha\rangle$ ist durch eine hinreichend detaillierte Beschreibung des Präparationsverfahrens vollständig bestimmt. Sie bezieht sich auf Manipulationen und objektive Fakten aus dem Bereich der klassischen Physik. Man kann durch Wiederholung derselben Präparation an vielen Photonen austesten, ob ein spezieller Vektor $|\psi_\alpha\rangle$ das Präparationsverfahren korrekt beschreibt. Dass ein

Symbol aus dem mathematischen Teil einer Theorie sich auf ein Präparationsverfahren beziehen kann, haben wir schon in Abschnitt 2.1 gesehen. Auch das mathematische Symbol t für die Zeit bezeichnet nicht einfach die Anzeige irgendeiner Uhr, sondern eine Anzeige, die über festgelegte Handlungsanweisungen eingeführt wurde. Sie stellen das «Präparationsverfahren» für die Zeit t dar.

Wir ergänzen noch einen Punkt. Anders als beim alltäglichen Gebrauch des Wortes – man sagt etwa «Wahrscheinlich wird es regnen.» – bedeuten Wahrscheinlichkeitsaussagen nicht, dass wir nur eine unvollständige Kenntnis des Systems haben. Wie bereits betont wurde, sind sie kein subjektives Maß für die Chance, die jemand dem Eintreffen eines Messergebnisses gibt. Bei einer solchen Auffassung wäre es schwer verständlich, wieso die relative Häufigkeit eines Messwerts für alle Beobachter gleich ist. Entsprechend beschreibt der Quantenzustand auch nicht das Wissen eines bestimmten Beobachters, sondern das maximal mögliche Wissen, das man über die zu erwartenden relativen Häufigkeiten haben kann. Dies ist eine für alle Beobachter gleiche und infolgedessen objektive Aussage.

In der Frühzeit der Quantentheorie wollte man offenbar möglichst viele Begriffe aus der klassischen Physik übernehmen, um die neue Theorie verständlich zu machen. Leider ist damit aber eher das Gegenteil erreicht worden. Unglücklicherweise hat man für $|\psi_\alpha\rangle$ die Bezeichnung *Zustandsvektor* eingeführt. Mehr noch, man spricht davon, dass zum Beispiel in dem in Abschnitt 3.2 besprochenen Versuchsaufbau das einzelne Photon *sich im Zustand* $|\psi_\alpha\rangle$ *befindet* oder dass $|\psi_\alpha\rangle$ den Zustand des Photons beschreibt. Durch diese allgemein übliche Redeweise, die wir als Abkürzung für die Beschreibung eines Präparationsverfahrens auch verwenden werden, ist das Tor weit geöffnet für unzulässige Assoziationen. Es wird nahegelegt, an das zu denken, was man vom Zustand der Objekte der klassischen Physik her kennt. Der Zustand einer Kugel kann darin bestehen, dass sie auf dem Tisch ruht, eine gewisse Temperatur, eine gewisse Farbe, einen gewissen Radius usw. hat. Wenn sie auf dem Tisch rollt, dann ist sie in einen anderen Zustand übergegangen. Bei klassischen Objekten wird der Zustand durch *Eigenschaften* festgelegt. Einen solchen Zugang haben wir aber bei Quantensystemen im Allgemeinen nicht. Dies wird in den nachfolgenden Abschnitten noch deutlicher werden. Vielleicht kann man die Verwirrung, die auf mangelnder Unterscheidung beruht, dadurch etwas einschränken, dass man bei Quantensystemen statt von Zuständen hin und wieder von Quantenzuständen spricht. Die oben beschriebene Vorstellung, die man damit verbinden muss, hat fast nichts mehr mit den Zuständen in der klassischen Physik zu tun. Wir werden in Abschnitt 3.9 weitere Realisierungen eines Quantenzustands diskutieren.

3.5. Quantenmessungen

Wir beziehen uns im Folgenden immer auf die Standardinterpretation und verwenden das Konzept des Quantenzustands in der soeben besprochenen Weise. Wir haben vor, tiefer in die Quantenwelt einzudringen und in einem weiteren Schritt die Besonderheit von Messungen an Quantensystemen herauszustellen. Hierzu greifen wir auf das zurück, was wir im vorigen Abschnitt über die Messungen an Photonen und die Beschreibung der Messwahrscheinlichkeiten mit Hilfe eines Zustandsvektors kennen gelernt haben. Der polarisierende Strahlteiler PST in Abbildung 3.1 stellt zusammen mit den Detektoren D_V und D_H ein Messgerät dar. Entweder Detektor D_V oder Detektor D_H klickt. Das sind die beiden Messergebnisse. Wir sagen dann, dass wir die Messwerte V bzw. H erhalten haben. Vor der Messung liegt der Zustand $|\psi_\alpha\rangle$ vor. An der Abbildung 3.2 können wir direkt ablesen: Wenn α nicht 0°, 90°, 180° oder 270° ist, dann verschwindet weder die Projektion von $|\psi_\alpha\rangle$ auf die Richtung V noch auf die Richtung H. Mit anderen Worten, es gibt für alle so präparierten Photonen eine nicht verschwindende Wahrscheinlichkeit dafür, dass der Detektor D_V anspricht und zugleich eine nicht verschwindende Wahrscheinlichkeit dafür, dass stattdessen D_H reagiert. Wir erfahren also in dieser Situation durch den Ausgang einer einzelnen Messung nichts über den Quantenzustand des Photons (d. h. den Winkel α), der vorher vorlag. Über was informiert uns daher das Messergebnis? Es gibt offenbar einen grundlegenden Unterschied zwischen Messungen an Quantensystemen und Messungen an klassischen Objekten.

In Spezialfällen können allerdings auch einzelne Quantenmessungen eine sichere Aussage über den Quantenzustand erlauben, der vor der Messung vorlag. Wenn wir bereits wissen, dass beim Polarisationsdreher entweder die Einstellung $\alpha = 0$ oder $\alpha = 90°$ gewählt wurde, dann kann im ersten Fall nur der Detektor D_V ansprechen und im zweiten Fall nur der Detektor D_H. Infolgedessen lässt sich in dieser speziellen Situation, in der eine Vorinformation vorliegt, aus dem Messergebnis auf den vom Polarisationsdreher präparierten Zustand vor der Messung schließen. Im allgemeinen Fall hingegen kann eine Aussage über einen Zustand nur mit Hilfe von Messungen an vielen Photonen gewonnen werden, die in diesem Zustand präpariert wurden. Ist daher eine Quantenmessung an einem einzelnen Photon mit Ausnahme von Spezialfällen ohne Aussagewert? Ein Vergleich mit der Messung in der klassischen Physik führt auf die Antwort. Wenn die Polizei mit Hilfe von Radargeräten die Geschwindigkeit eines Autos bestimmt, dann wird dadurch das Auto weder abgebremst noch beschleunigt.

Würde man nicht gleichzeitig mit Hilfe eines Blitzes eine Aufnahme des Fahrers machen, würde dieser den Vorgang gar nicht bemerken. Klassische Messungen kann man im Prinzip so gestalten, dass der Einfluss der Messung auf das ausgemessene Objekt vernachlässigbar klein wird. Der Zustand des klassischen Objekts ist dann vor und nach der Messung derselbe. Das ist bei einer

Quantenmessung in der Regel gerade nicht der Fall. Verglichen mit der klassischen Messung werden nicht mehr zugleich Aussagen über die Vergangenheit sowie die Zukunft gemacht. *Nicht «Was lag vorher vor?», sondern «Was liegt hinterher vor?», ist die Frage, die wir mit Hilfe des Ergebnisses einer Quantenmessung an einem einzelnen Quantensystem unmittelbar beantworten können. Quantenmessungen sind zukunftsorientiert.*

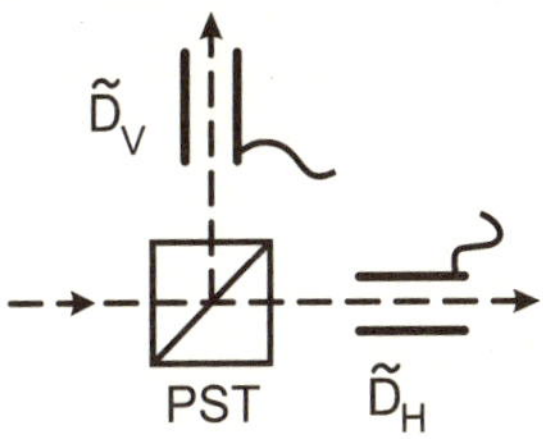

Abbildung 3.3: Messgerät aus polarisierendem Strahlteiler PST und den Detektoren $\tilde{D}_V$ und $\tilde{D}_H$. Immer nur einer spricht an, ohne das durchtretende Photon zu vernichten.

Um das zu belegen, erweitern wir unsere Gerätesammlung. Unsere bisherigen Detektoren haben beim Registrieren des Photons immer auch das Photon selbst vernichtet. Es gibt aber Geräte, die anzeigen, wenn ein Photon durch sie hindurchtritt. Man nennt diese Messungen *zerstörungsfreie Messungen.*[12] Wir haben die entsprechenden Detektoren schematisch in das Schaltbild von Abbildung 3.3 eingezeichnet und mit $\tilde{D}_V$ und $\tilde{D}_H$ bezeichnet. Wir wiederholen unser Experiment, ersetzen die bisherigen aber durch die zerstörungsfrei messenden Detektoren. An der Wahrscheinlichkeit für das Ansprechen des jeweiligen Detektors ändert sich dadurch nichts. Nachdem einer der Detektoren angesprochen hat, führen wir ein *Selektionsverfahren* durch. Es werden nur noch gewisse Photonen weiterverwendet. Wir nehmen zum Beispiel nur die Photonen zum Messwert V, bei denen also der Detektor $\tilde{D}_V$ reagiert hat. Wenn bei einem Photon $\tilde{D}_H$ angesprochen hat, dann wird das

Photon ausgesondert, und mit ihm werden keine weiteren Experimente gemacht. Wir verwenden daher nur Photonen, deren Präparationsverfahren darin bestand, dass sie die gesamte Anlage durchlaufen haben und der Detektor $\tilde{D}_V$ angesprochen hat. Dann zeigt sich, dass für Messungen an diesen Photonen die relativen Häufigkeiten für Messergebnisse anschließender Messungen festliegen. Die Photonen befinden sich daher in einem wohl bestimmten Quantenzustand. So haben wir dieses Konzept im vorigen Abschnitt eingeführt. Man kann ihn ausmessen und er wird in der Abbildung 3.2 durch den Vektor $|V\rangle$ dargestellt, dem wir wie jedem Zustandsvektor die Länge eins gegeben haben. Die entsprechende Prozedur mit dem Detektor $\tilde{D}_H$ führt auf den Zustand $|H\rangle$. Die *selektive Messung* mit unserem Messgerät präpariert Photonen je nach Messwert V oder H in einem dieser beiden Zustände. *Sie ist ein Präparationsverfahren*. Ihre Auswirkung in der Abbildung 3.2 besteht darin, dass der Vektor $|\psi_\alpha\rangle$ bei der selektiven Messung in den Vektor $|V\rangle$ bzw. $|H\rangle$ *umklappt*. Das wird auch *Zustandsreduktion* genannt.

Wir fassen noch einmal zusammen: In der Standard-Quantentheorie ist eine Quantenmessung ein Eingriff mit einem speziellen Gerät, an dem man Messwerte ablesen kann. Dabei gelten die folgenden Regeln:

- *Für ein Messgerät liegen die Messwerte, die auftreten können (in unserem Beispiel V und H), und die zugehörigen Zustände ($|V\rangle$ bzw. $|H\rangle$) fest.*
- *Die Wahrscheinlichkeit für das Eintreten eines Messwertes (z. B. V) ist gegeben durch das Quadrat der Länge der Projektion des Zustandsvektors, der vor der Messung vorlag ($|\psi_\alpha\rangle$), auf den zum Messwert gehörigen Zustand (hier $|V\rangle$). Wir hatten das in Abschnitt 3.3 die Bornsche Regel genannt.*
- *Bei einer nicht zerstörenden Messung stellt die Selektion nach einem Messwert (z. B. V) ein Präparationsverfahren für den zugehörigen Zustand dar (hier $|V\rangle$).*

Zusammengenommen sind das die drei Regeln für den Messprozess. Diese Messungen werden nach ihrer mathematischen Beschreibung durch Projektionen auch *Projektionsmessungen* genannt.[13] Wir betrachten nur diesen Typ von Messungen. Ein *Messgerät* ist dann dasjenige Gerät, das diese Regeln erfüllt. Das Messgerät ist in der Standard-Quantentheorie eine primitive Größe, die sich nicht weiter erklären und auf anderes zurückführen lässt.

Spielt der *Beobachter* in der Standard-Quantentheorie, verglichen mit der klassischen Physik, eine neue Rolle? Bei der Messung springt ein Zeiger am Messgerät mit gewissen Wahrscheinlichkeiten zum Beispiel von 0 auf 1 bzw. auf 2. Der Prozess ist nicht umkehrbar, der Zeiger bleibt etwa auf der 1 stehen. Eine Aussage über den Messwert, also über die Stellung des Zeigers, ist eine Aussage, die sich völlig im Rahmen der Vortheorie, in diesem Fall der Mechanik, machen lässt. *Nicht der Beobachter spielt daher in der Quantentheorie, so wie wir sie formuliert haben, eine neue Rolle, sondern das Messgerät.* Es führt eine von mehreren möglichen Präparationen durch. Welche das war, zeigt der Messwert an. Er liegt fest, unabhängig davon, ob und wann jemand ihn abliest. Zweifellos ist die Anzeige *objektiv*. Sie ist genau in demselben Maße objektiv wie jede andere Aussage der klassischen Physik auch. Das heißt, jedermann wird bei der Ablesung des Zeigers auf dasselbe Ergebnis kommen. Es kann also von einer «Einführung des Subjekts in die Naturwissenschaften durch die Quantentheorie» keine Rede sein. Man muss auch nicht annehmen, dass das Gehirn oder gar das Bewusstsein des Ablesenden bei der Entstehung des Messergebnisses beteiligt war, dass also vor dem Ablesen der Zeiger noch nicht entweder auf der 1 oder auf der 2 stand. Allerdings ist nicht ausgeschlossen, dass in Alternativtheorien zu der hier vorgestellten Quantentheorie der Messprozess anders beschrieben wird. Wir kommen darauf in Kapitel 5 zurück.

3.6. Ein Stoff fast ohne Eigenschaften

«Nun, es ist ziemlich klar: wenn nicht die Wirklichkeit den Messwert, so muss wenigstens der Messwert die Wirklichkeit bestimmen ... das verlangte Kriterium kann bloß dieses sein: bei Wiederholung der Messung muss wieder dasselbe herauskommen.»

Erwin Schrödinger (1887–1961)[14]

Wir haben bisher vermieden, von Eigenschaften von Quantensystemen zu sprechen. Nachdem wir Quantenmessungen beschrieben haben, liegt es nahe, nach den zugehörigen Eigenschaften von Quantensystemen zu fragen. Wir behandeln zunächst wieder klassische Objekte und erinnern uns an das, was wir in Abschnitt 2.7 mit Einstein-Realität bezeichnet haben.

Eine Kugel hat unter anderem die Eigenschaften Gewicht und Temperatur. Diese Eigenschaften haben Werte, die man beispielsweise in Gramm bzw. Grad Celsius angeben kann. Die Kugel hat diese klassischen Eigenschaften bereits vor einer entsprechenden Messung. Bei Messungen kommt es nicht darauf an, ob zuerst die Temperatur und dann das Gewicht gemessen wird oder umgekehrt. Die Eigenschaften und ihre Werte werden durch perfekte Messungen nicht zerstört und nicht verändert. Die Kugel hat nach der Messung immer noch eine Temperatur und ihr Wert ist der alte. Und schließlich: Die Wiederholung der Messung einer Eigenschaft führt wieder auf denselben Wert. Nur diese letzte Aussage lässt sich auf Quantensysteme übertragen. Daran knüpft das Konzept einer Quanteneigenschaft an.

Wir betonen noch einen Punkt, der in der klassischen Physik nicht besonders hervorgehoben wird: *Eigenschaften werden Messgeräten zugeordnet*. Eine spezielle Eigenschaft ist das, was man mit einem bestimmten Messgerät ausmisst. Das Gerät zeigt dann nach der Messung ihren Wert an. Den Wert der Temperatur der Kugel bestimmt man zum Beispiel mit einem Thermometer, das selber durch eine Bauanleitung beschrieben ist. So ist in der Thermodynamik Temperatur definiert.

Wir kehren zu den Photonen zurück. In der Minimalinterpretation gibt es die Quantenwelt gar nicht und daher liegt nicht einmal ein «Quantenstoff» vor, der irgendwelche Eigenschaften haben könnte. In der Standardinterpretation haben wir die Existenz von Photonen angenommen. Die wohlbestimmte, nicht aufteilbare Energiemenge eines einzelnen Photons ist eine Eigenschaft dieses Photons. Sie ist eine *klassische Eigenschaft*, denn sie liegt bereits vor jeder Messung am Photon vor und wird durch die Messung nicht verändert. Klassische Eigenschaften sind zustandsunabhängig. Kann man in der Standardinterpretation dem Photon sinnvollerweise weitere Eigenschaften zusprechen und so die Wirklichkeit der Quantenwelt anreichern?

Spricht bei einem einzelnen Photon beispielsweise der Detektor $\tilde{D}_V$ an (vgl. Abbildung 3.3), dann hat das Photon das Präparationsverfahren zum Zustand $|V\rangle$ durchlaufen und befindet sich daher im Zustand $|V\rangle$. Wiederholt man unmittelbar danach an dem Photon die Messung mit dem gleichen Gerät, dann wird mit Sicherheit wieder der entsprechende Detektor $\tilde{D}_V$ ansprechen. In der Standardinterpretation sagen wir, dass das Photon im Zustand $|V\rangle$ die *Quanteneigenschaft* «vertikal polarisiert» zu sein hat. *Sie liegt real vor.* Im Zustand $|H\rangle$ ist das Photon «horizontal polarisiert». Sehr viele Photonen zusammen ergeben klassisches Licht. Das rechtfertigt die Wahl dieser Bezeichnungen, denn den Begriff Polarisation hatten wir in Abschnitt 2.8 für klassisches Licht bereits eingeführt. Es wird aber nicht gefordert, dass es zu jeder Quanteneigenschaft eine korrespondierende klassische Eigenschaft gibt. Beim Spin etwa ist das nicht der Fall.

In der Quantentheorie ist das Messgerät primär. Es legt die zugehörige Quanteneigenschaft als Element einer erschlossenen Wirklichkeit fest. Wir haben in unserem Beispiel ein Messgerät benutzt, das durch das Ansprechen des Detektors $\tilde{D}_V$ oder $\tilde{D}_H$ gekennzeichnet ist. Das können wir ein Vertikal/Horizontal-Messgerät (oder verkürzt *V/H-Messgerät*) nennen. Mit ihm misst man die *V/H-Eigenschaft* aus. Diese Eigenschaft kann zwei Werte annehmen: vertikal oder horizontal (mit V bzw. H abgekürzt). Das sind zugleich die vom Gerät durch ein Detektorklicken angezeigten Messwerte. Eine V/H-Messung präpariert im Quantenzustand der vertikalen Polarisation $|V\rangle$ oder der horizontalen Polarisation $|H\rangle$. Das Photon hat dann die V/H-Eigenschaft aufgeprägt bekommen. Es ist entweder *vertikal* oder *horizontal polarisiert*. Diese V/H-Eigenschaft hat es im Zustand $|\psi_\alpha\rangle$ vor der Messung nicht (außer für die α-Werte 0° und 45°). *Wenn eine Eigenschaft eines Quantensystems nicht bereits vorher vorliegt, wird sie erst durch die entsprechende Messung realisiert.* Das ist in der Quantenphysik offenbar fundamental anders als in der klassischen Physik. Wir haben daher erneut eine Situation, in der ein Begriff der Alltagsphysik irreführend sein kann, da durch ihn falsche Assoziationen hervorgerufen werden. Wenn keine Missverständnisse möglich sind, sprechen wir abgekürzt statt von Quanteneigenschaften nur von Eigenschaften.

Das wichtige Ergebnis, dass eine Quanteneigenschaft im Allgemeinen erst durch die entsprechende Messung etabliert wird, soll noch weiter veranschaulicht werden. Wir haben uns mit der linearen Polarisation von Photonen ein ganz besonders einfaches Quantensystem ausgesucht. Andere Systeme, beispielsweise Elektronen in Atomen, können nach entsprechender Präparation mehrere Eigenschaften gleichzeitig besitzen wie Energie, Bahndrehimpuls, Spin usw. In diesen Fällen ist es möglich, dass nach der Messung der ersten Eigenschaft diese zwar mit einem gewissen Wert realisiert ist, alle anderen Eigenschaften aber noch nicht vorliegen. Es gibt dann oftmals eine weitere Messung, durch die das Quantensystem mit einer zweiten Eigenschaft ausgestattet wird, ohne dass das Vorliegen der ersten Eigenschaft dadurch zerstört wird. Diese Messungen werden *miteinander verträglich* genannt.

Das Quantensystem wird durch die Messung in einem anderen Zustand präpariert, zu dem aber nach wie vor die erste Eigenschaft mit unverändertem Wert gehört. Das kann so weitergehen, bis durch zusätzliche verträgliche Messungen alle gleichzeitig möglichen Eigenschaften realisiert sind und ein dazugehöriger wohlbestimmter Quantenzustand präpariert wurde.

Wir vergleichen wieder klassische Welt und Quantenwelt. Es gibt ein Kinderspiel, das folgendermaßen abläuft: Aus einer Gruppe wird ein Kind vor die Tür geschickt, und der Rest der Gruppe denkt sich irgendein Objekt aus, beispielsweise eine Spinne. Das Kind wird wieder hereingerufen und soll erraten, um was für ein Objekt es sich handelt. Dazu darf es an den Rest der Gruppe Fragen stellen, die mit ja oder nein beantwortet werden. Geschickterweise wird es so vorgehen, dass es mit jeder Frage schrittweise die Menge der möglichen Objekte immer stärker einschränkt. Es fragt also etwa: «Ist es ein Lebewesen?» Die Antwort ist «Ja!». Dann fragt es: «Ist es eine Pflanze?» Die Antwort ist «Nein!». Dann fragt es: «Ist es ein Mensch?» Und so geht es weiter, bis am Schluss feststeht, dass es sich um eine Spinne handelt. Das Kind, das die wenigsten Fragen benötigt, hat gewonnen. Die charakteristischen Eigenschaften des Objekts Spinne liegen vor Beginn der Befragung fest. Im Verfahren werden sie Schritt für Schritt ermittelt.

Bei Quantenobjekten ist das anders. Beim Abfragen durch eine Abfolge von miteinander verträglichen (!) Quantenmessungen wird in einem gewissen Sinn gerade umgekehrt verfahren. Das Quantenobjekt, beispielsweise ein Elektron im Atom, hat zunächst nur die Eigenschaft, ein Elektron zu sein. Mit der Messung der Energie hat es anschließend eine Energie von einem bestimmten Wert. Mit der anschließenden Messung des Drehimpulses hat es zusätzlich die Eigenschaft eines Drehimpulses. Mit der wiederum anschließenden Messung des Spins hat es darüber hinaus einen bestimmten Eigendrehimpuls usw. Die «Frage», repräsentiert durch die spezifische Messung, muss dabei so gestellt werden, dass sie mit den bisherigen «Fragen» verträglich ist. Die zugehörigen «Antworten» bleiben gültig. So wird das Quantenobjekt schrittweise erst mit Eigenschaften ausgestattet, bis es nicht mehr Träger weiterer Eigenschaften werden kann. Die Quanteneigenschaften zeigen noch einmal besonders deutlich: *Die Wirklichkeit der klassischen Physik ist eine Einstein-Realität. Die Wirklichkeit der Quantenwelt, so wie sie durch unsere Theorie erschlossen wird, ist es gerade nicht.*

3.7. Unbestimmtheitsrelation

Wir haben im vorigen Abschnitt ausgehend von Quantenmessungen das Konzept der Quanteneigenschaft eingeführt und miteinander verträgliche Messungen erwähnt. Jetzt kehren wir zur linearen Photonenpolarisation zurück und untersuchen zwei verschiedenartige Messungen. Sie beziehen sich auf verschiedene Eigenschaften. Hierzu eine Vorbemerkung: Wir führen Messungen stets mit optimal konstruierten Messgeräten durch. Wenn Messwerte streuen, liegt das nicht an schlechten Messgeräten. Der Wert einer Eigenschaft wird durch den Messwert ganz genau, also völlig «scharf» wiedergegeben.

Das Messgerät definiert die gemessenen Eigenschaften. Bisher haben wir ein «Vertikal/Horizontal-Messgerät» (V/H-Messgerät) benutzt, das durch das Ansprechen des Detektors $\tilde{D}_V$ oder $\tilde{D}_H$ gekennzeichnet ist. Beide sind nicht zerstörend. Die präparierten Zustände sind $|V\rangle$ bzw. $|H\rangle$. Gemessen wird die V/H-Eigenschaft. Das Photon ist nach der Messung vertikal bzw. horizontal polarisiert.

Wir drehen jetzt dieses Messgerät um den auf gerader Linie durchlaufenden Strahlengang um einen Winkel β. Dann dreht sich in Abbildung 2.8 der Detektor D_V aus der Ebene heraus nach oben (vgl. Abb. 3.4). Die Polarisationsrichtungen werden dabei um ei-

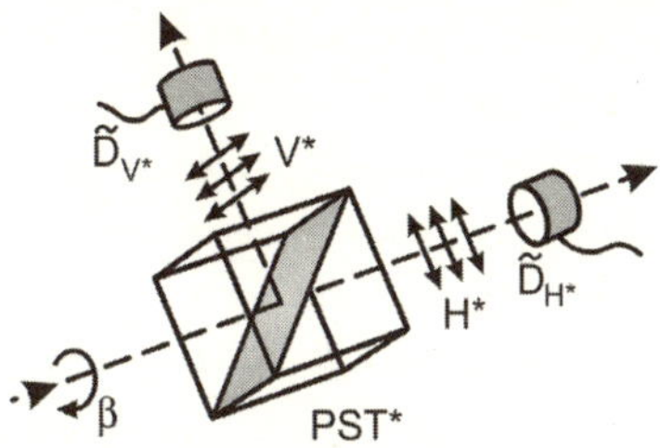

Abbildung 3.4: Um den Winkel β um die gerade Durchtrittsrichtung gedrehter polarisierender Strahlteiler PST und mitgedrehter Detektor $\tilde{D}_V$.

nen Winkel β mitgedreht: vertikal in vertikal* und horizontal in horizontal*. Die gedrehten Zustandsvektoren $|V^*\rangle$ und $|H^*\rangle$ sind in Abbildung 3.5 für $\beta = 45°$ dargestellt. Wir verwenden nicht-zerstörende Detektoren. Nach der

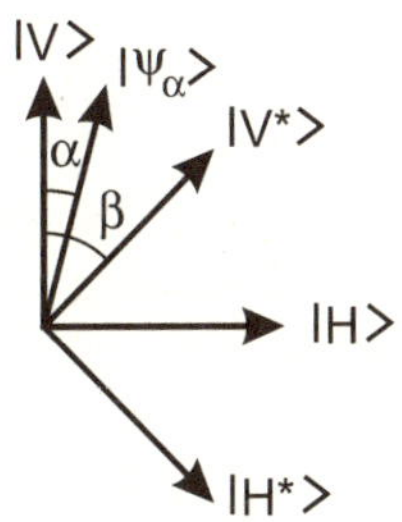

Abbildung 3.5: Zustandsvektoren $|V\rangle$ und $|H\rangle$ sowie die um $\beta = 45°$ gedrehten Zustandsvektoren $|V^*\rangle$ und $|H^*\rangle$.

Drehung liegt mit den Detektoren $\tilde{D}_{V^*}$ und $\tilde{D}_{H^*}$ sowie dem Strahlteiler PST* als neues Messgerät das *V*/H*-Messgerät* vor. Es definiert eine *andere* Quanteneigenschaft, nämlich die *V*/H*-Eigenschaft* mit den Messwerten V* und H* und präpariert nach entsprechender Selektion die Zustände $|V^*\rangle$ bzw. $|H^*\rangle$. Die Wahrscheinlichkeit, zum Beispiel den Messwert V* zu erhalten, ist wieder gemäß Bornscher Regel das Quadrat der Länge der Projektion des Zustandsvektors $|\psi_\alpha\rangle$ auf $|V^*\rangle$ (vgl. Abschn. 3.3).

Wir experimentieren zunächst mit einem einzelnen Photon, das im Zustand $|\psi_\alpha\rangle$ präpariert ist. Nach der V/H-Messung hat es die V/H-Eigenschaft und befindet sich beispielsweise im Zustand $|H\rangle$. Eine anschließende V*/H*-Messung zerstört die V/H-Eigenschaft und etabliert stattdessen die V*/H*-Eigenschaft. Das Photon ist nicht mehr vertikal oder horizontal, sondern vertikal* oder horizontal* polarisiert. Bei Wiederholung der Messung mit dem gedrehten Messgerät spricht wieder derselbe Detektor an. Die V/H-Messung und die V*/H*-Messung sind zwei *nicht miteinander verträgliche Messungen.* Die Reihenfolge dieser Messungen ist nicht beliebig. Am Schluss liegt immer die zuletzt gemessene Eigenschaft vor. *Es ist* unmöglich, *zugleich die V/H-Eigenschaft zu messen, ohne eine eventuell vorliegende V*/H*-Eigenschaft zu zerstören und umgekehrt.* Selektive Messungen sind Präparationen. Ein Blick auf Abbildung 3.5 zeigt ganz allgemein: *Es ist* unmöglich, *ein Verfahren zu realisieren, durch das die V/H-Eigenschaft und zugleich die V*/H*-Eigenschaft präpariert wird.* Schließlich kann man es auf eine dritte Weise formulieren: *Es ist* unmöglich, *zugleich die V/H-Messung und die V*/H*-Messung durchzuführen.*

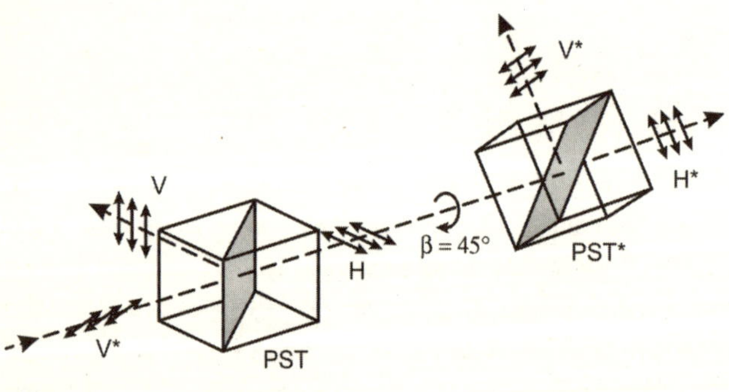

Abbildung 3.6: Der polarisierende Strahlteiler PST und der um 45° gedrehte polarisierende Strahlteiler PST* sind hintereinander angeordnet. Photonen, die mit der Polarisation V* einlaufen, laufen mit der Wahrscheinlichkeit ¼ mit der Polarisation H* aus.

Wir haben drei *Unmöglichkeitsaussagen* (oder *no-go-statements*) formuliert. Sie besagen, dass etwas nicht geht. Man hat im Rahmen der klassischen Physik eine bestimmte physikalische Aussage erwartet, aber sie gilt in der Quantentheorie nicht. Unmöglichkeitsaussagen sind deshalb wichtige Aussagen, weil man durch sie besonders viel über die Quantenwelt erfährt. Bereits der Titel von Abschnitt 4.4 weist auf eine weitere Unmöglichkeitsaussage hin. Doch zunächst stellen wir ein mögliches Verfahren vor.

Aus Schwarz mach Weiß durch Hinschauen! Das klingt ein bisschen wie im Märchen. Man kann nicht durch eine Farbmessung – auch in Kombination mit der Messung einer anderen Eigenschaft – die Farbe eines Objekts ändern. Mit Hilfe von Quantenmessungen an einem Quantensystem ist etwas Analoges aber durchaus möglich. Das verdeutlicht noch einmal am Beispiel der Eigenschaften, wie unterschiedlich klassische Wirklichkeit und Quantenwirklichkeit sind.

Wir betrachten verschiedene klassische Objekte, die entweder die Farbe weiß oder schwarz und weiterhin entweder die Gestalt rund oder eckig haben. An einem Objekt mit der Farbe schwarz wird eine Gestaltmessung durchgeführt. Das Ergebnis sei zum Beispiel rund. Eine anschließende Farbmessung ergibt mit Sicherheit wieder schwarz. Wir vergleichen das mit Photonen, an denen wir statt der Farbmessung eine V*/H*-Messung mit $\beta = 45°$ und statt der Gestaltmessung eine V/H-Messung durchführen. Die Analogie zwischen den Messergebnissen soll sein: V entspricht eckig, H entspricht rund, V* entspricht schwarz und H* entspricht weiß. Wir präparieren einzelne Photonen im Zustand $|V^*\rangle$, also mit der Eigenschaft V*, und führen eine selektive V/H-Messung durch (vgl. Abb. 3.6). Für die Photonen mit dem Messergebnis H schließen wir eine V*/H*-Messung an und erhalten in der Hälfte der Fälle das Messergebnis H*. Insgesamt beträgt die Wahrscheinlichkeit ¼, ein Photon mit der Eigenschaft H* zu erhalten.

Die aufeinander folgenden Messungen mit der jeweiligen Selektion sind ein Verfahren, um bei einem Teil der Photonen die Eigenschaft V* (entspricht schwarz) in die Eigenschaft H* (entspricht weiß) zu verwandeln. Dass dies beim Quantensystem gelingt, liegt daran, dass die betrachteten Quantenmessungen – anders als die klassischen Messungen – nicht miteinander verträglich sind. Das kann man ausnutzen. Wir kommen im Abschnitt 5.2 im Zusammenhang mit Schrödingers Katze darauf zurück.

Diese Nichtverträglichkeit lässt sich noch genauer veranschaulichen. Die beiden Messgeräte sind wieder um den Winkel $\beta = 45°$ gegeneinander verdreht. Wir messen an sehr vielen Photonen, die alle dasselbe Präparationsverfahren durchlaufen haben und sich im Ausgangszustand $|\psi_\alpha\rangle$ befinden. Dabei wird an einem Photon immer nur eine Messung durchgeführt. An der ersten Hälfte der Photonen wird zum Beispiel die V/H-Messung gemacht und die relative Häufigkeit der Messwerte V bzw. H abgelesen. An der zweiten Hälfte der Photonen wird die V*/H*-Messung durchgeführt und die relative Häufigkeit der Messwerte V* bzw. H* ermittelt. Danach wird das Präparationsverfahren geändert. Der Ausgangszustand $|\psi_\alpha\rangle$ gehört dann zu einem neuen Winkel α. Wieder wird in gleicher Weise wie oben an vielen Photonen jeweils einmal gemessen. Die entsprechenden relativen Häufigkeiten (Wahrscheinlichkeiten) haben wir in Tabelle 3.1 eingetragen. Wir können die Zahlenwerte einfach über die Bornsche Regel berechnen. Die Projektionen von $|\psi_\alpha\rangle$ auf $|V\rangle$, $|H\rangle$, $|V^*\rangle$ und $|H^*\rangle$ veranschaulichen wir uns dabei mit Hilfe von Abbildung 3.5. Wie sind die Ergebnisse von Tabelle 3.1 zu interpretieren?

Für die Ausgangspräparation mit $\alpha = 0°$ stimmt $|\psi_\alpha\rangle$ mit $|V\rangle$ überein. Dann spricht beim V/H-Messgerät stets der Detektor $\tilde{D}_V$ an. Die Messwerte *streuen* nicht. Bei der V*/H*-Messung tritt als Messwert gleichhäufig V* oder H* ein. Diese Werte streuen also stark. Wenn andererseits die Photonen im Zustand $|\psi_\alpha\rangle$ mit $\alpha = 45°$ präpariert werden, streuen nun die Messwerte der H/V-

Tabelle 3.1: Angegeben sind die Wahrscheinlichkeiten, zu gegebenen Zustandsvektoren $|\psi_\alpha\rangle$ die Polarisationsrichtungen V bis H* zu messen. Die Messgeräte sind dabei um einen Winkel $\beta = 45°$ gegeneinander verdreht (vgl. Abb. 3.5).[15]

$\beta = 45°$	V	H	V*	H*
$\alpha = 0°$	1	0	0,5	0,5
$\alpha = 22{,}5°$	0,85	0,15	0,85	0,15
$\alpha = 45°$	0,5	0,5	1	0

Messung besonders stark und die Messwerte der H*/V*-Messung streuen gar nicht. Es ergibt sich immer der Messwert V*. Für wachsendes α nimmt die Streuung der Messwerte der H/V-Messung zu, bis sie für $\alpha = 45°$ ihr Maximum erreicht. Die Streuung der H*/V*-Messung nimmt ab. Sie verschwindet bei $\alpha = 45°$. *Wenn die Messwerte bei der Messung der einen Eigenschaft besonders wenig streuen, dann streuen sie bei der Messung der anderen Eigenschaft besonders stark.* Wenn die eine Streuung anwächst, nimmt die andere ab. Man kann keinen Zustand präparieren, bei dem beide Streuungen verschwinden. Dieses Ergebnis spiegelt wider, dass das System nicht beide Eigenschaften gleichzeitig haben kann.

Wir haben schon betont, dass man beispielsweise nach der Präparation, die durch den Zustandsvektor $|\psi_\alpha\rangle$ mit $\alpha = 45°$ beschrieben wird, weder von horizontal noch von vertikal polarisierten Photonen sprechen kann. Die V/H-Eigenschaft liegt vor der Messung nicht vor. Man kann daher auch insbesondere nicht sagen, dass sie nur unscharf vorliegt, denn das einzelne Photon ist im gedrehten Zustand $|\psi_\alpha\rangle$ nicht ein bisschen horizontal und ein bisschen vertikal polarisiert. Die V/H-Eigenschaft ist nicht unscharf, sie ist *unbestimmt.* Die Streuung ist Ausdruck der Unbestimmtheit. Nur bei der Streuung null hat das Photon die entsprechende Eigenschaft.

Man kann eine mathematische Gleichung ableiten, die die Streuungen bei den beiden verschiedenen Messungen verknüpft. Das ist die *Unbestimmtheitsrelation*, die manchmal auch fälschlicherweise Unschärferelation genannt wird, obwohl Projektionsmessungen nicht unscharf sind. Wir können ihre Ableitung nicht vorführen. Da aber als Unbestimmtheitsrelation immer wieder die Heisenbergsche Unbestimmtheitsrelation $\Delta x \cdot \Delta p \geq h/4\pi$ angegeben wird, wollen wir den Zusammenhang zu dieser Relation herstellen.

Sie bezieht sich wieder auf eine große Zahl gleichartig präparierter Quantenobjekte. An vielen von ihnen, zum Beispiel der Hälfte, werden Ortsmessungen durchgeführt und die Streuung der Ergebnisse bestimmt. Diese wird mit Δx bezeichnet. An den restlichen werden Impulsmessungen durchführt und die Streuung Δp der Messwerte berechnet. Dann gilt die oben angegebene Heisenbergsche Ungleichung. Anders als bei der Polarisation von Photonen hängt sie nicht vom Zustand ab, in dem die Quantensysteme präpariert wurden. Die Relation besagt: Wenn durch geeignete Anpassungen der Präparation die Ergebnisse der Ortsmessungen immer weniger streuen, dann kann es nicht zugleich gelingen, dass bei dieser Präparation auch die Ergebnisse der Impulsmessungen immer weniger streuen. Verschwindet die Streuung, dann liegt die Eigenschaft schon vor der Messung vor. Man kann daher sagen, dass es kein Präparationsverfahren gibt, durch das das Quantenobjekt sowohl mit der Eigenschaft, einen Ort zu haben, als auch mit der Eigenschaft, einen Impuls zu haben, ausgestattet wird. Vereinfacht gesagt: Ein Quantenobjekt kann nicht gleichzeitig einen wohlbestimmten Ort und einen wohlbestimmten Impuls haben.

Über die Unbestimmtheitsrelation ist immer wieder Falsches und Halbwahres geschrieben worden. Die Bezeichnung «Unschärferelation» ist zumindest irreführend, wir hatten schon darauf hingewiesen. «Unscharf» suggeriert «verschwommen». Die Werte einer Eigenschaft – wenn diese denn vorliegt – kann man aber im Prinzip beliebig genau bestimmen. Man sollte auch nicht sagen, dass zwei Messgrößen wie zum Beispiel die V/H- und die V*/H*-Eigenschaft nicht gleichzeitig «genau bestimmbar» seien. Das ließe vermuten, dass sie durch Projektionsmessungen doch wenigstens gleichzeitig ungenau bestimmbar sein könnten. Tatsächlich liegen beide Eigenschaften aber nie gleichzeitig vor. Die Streuung von Messwerten ist auch nicht ein Maß für die Beschränktheit unseres Wissens über eine Eigenschaft. Über eine Eigenschaft, die nicht vorliegt, kann man selbstverständlich nichts wissen. Aus demselben Grund kann man auch nicht sagen, dass die Streuung angibt, in welchem Umfang das System die entsprechende Eigenschaft «hat». Schließlich ist es nicht geschickt, die V/H-Eigenschaft und die V*/H*-Eigenschaft als *komplementäre* Eigenschaften zu bezeichnen. Sie können einander nicht ergänzen, da sie nicht gemeinsam vorliegen können. Was wäre das Ganze, zu dem sie sich ergänzen?

3.8. Abhörsicherheit durch Quantenkryptographie*

Kryptographie ist die Kunst der Verschlüsselung. Alice möchte Bob eine Botschaft zuschicken, die perfekt geheim bleiben soll. Hierzu gibt es ein Verschlüsselungsverfahren, das 1917 von Gilbert Vernam (1890–1960) vorgeschlagen wurde. Man geht dabei folgendermaßen vor. Der zu verschlüsselnde Text soll bereits als Quelltext digital als Folge der Zahlen 0 und 1 (die mit gleicher Häufigkeit auftreten) bei Alice vorliegen. Alice und Bob haben denselben *Schlüssel,* der nur den beiden bekannt ist. Er besteht aus einer speziellen Zufallsfolge der Zahlen 0 und 1 und hat die gleiche Länge wie der Quelltext. Alice schreibt den Schlüssel unter den Quelltext und «addiert» in jeder einzelnen Spalte. Dabei verwendet sie die folgenden Regeln: $0+0=0$, $1+0=1$, $0+1=1$, $1+1=0$. So entsteht das *Kryptogramm.* Wir geben ein Beispiel:

* Abschnitte mit einem Stern können bei der ersten Lektüre des Buches überschlagen werden.

Quelltext	0	1	1	0	1	1	0	0
Schlüssel	1	0	0	0	0	1	1	0
Kryptogramm	1	1	1	0	1	0	1	0

Das Kryptogramm wird an Bob geschickt. Zur Entschlüsselung «addiert» er in gleicher Weise den Schlüssel zum Kryptogramm und erhält so wieder den Quelltext:

Kryptogramm	1	1	1	0	1	0	1	0
Schlüssel	1	0	0	0	0	1	1	0
Quelltext	0	1	1	0	1	1	0	0

Das Kryptogramm lässt sich dabei über einen jedermann zugänglichen Kanal, beispielsweise eine Postkarte übermitteln. Es lässt sich nun zeigen, dass das Verfahren völlig sicher ist, wenn der Schlüssel eine Zufallsfolge ist, dieselbe Länge wie der Quelltext hat und wenn vor allen Dingen für jeden neuen Quelltext auch ein neuer Schlüssel verwendet wird. Das klingt sehr gut. Die Sache hat nur einen Haken. Wie einigen sich Alice und Bob auf einen gemeinsamen Schlüssel, ohne dass ein «lauschender» Spion ihn ermitteln kann? Die Lösung besteht darin, dass man Quantensysteme austauscht und sich die Eigenarten der Quantenwelt zu Nutze macht. Es gibt eine ganze Reihe solcher quantenkryptographischer Verfahren. Wir stellen ein einfaches Verfahren vor, das auf dem Austausch einzelner Photonen beruht.

Der Versuchsaufbau des vorigen Abschnitts steht noch auf dem Tisch (Abb. 3.1 und Abb. 3.4). Wir können einige seiner Elemente direkt zur quantenmechanischen Verschlüsselung verwenden. Dazu trennen wir sie. Alice nimmt die Photonenquelle und das Präparationsgerät. Die damit präparierten Photonen werden an Bob geschickt. Bob misst wahlweise mit dem V/H- oder mit dem gedrehten V*/H*-Messgerät. Bob und Alice erhalten darüber hinaus beide ein Gerät, das eine Zufallsfolge der Zahlen 0 und 1 erzeugt. Die beiden Geräte arbeiten unabhängig voneinander. In beiden Folgen sollen die Zahlen 0 und 1 gleich häufig vorkommen. Zu jedem einzelnen Photon zeigen die Geräte bei Alice und bei Bob jeweils eine Zufallszahl an. Beispiele finden sich in der zweiten und vierten Zeile von Tabelle 3.2. Die folgenden Regeln sind beiden bekannt: Wenn bei Alice die Zahl 0 vorliegt, dann präpariert sie das Photon im Zustand $|V^*\rangle$, bei der Zahl 1 im Zustand $|V\rangle$ (vgl. Abb. 3.5 mit $\beta = 45°$) und schickt es zu Bob. Bob misst. Wenn seine Zufallszahl 0 lautet, dann verwendet er dazu das H/V-Messgerät, bei der Zahl 1 das um $\beta = 45°$ gedrehte H^*/V^*-Messgerät. Für unser Beispiel ist das in der dritten und fünften Zeile der Tabelle wiedergegeben. Bei Verwendung des V/H-Messgeräts notiert sich

Tabelle 3.2: Zur Quantenkryptographie

1	Photonennummer	1	2	3	4	5	6
2	Zufällige Zahlenfolge Alice	1	0	0	0	1	0
3	Präparierte Polarisation	$\|V\rangle$	$\|V^*\rangle$	$\|V^*\rangle$	$\|V^*\rangle$	$\|V\rangle$	$\|V^*\rangle$
4	Zufällige Zahlenfolge Bob	0	0	1	0	1	0
5	Verwendetes Messgerät	H/V	H/V	H^*/V^*	H/V	H^*/V^*	H/V
6	Wahrscheinlichkeit für Messwert H bzw. H^*	0	1/2	0	1/2	1/2	1/2
7	Ist H bzw. H^* eingetreten?	nein	ja	nein	nein	ja	ja

Bob, ob der Messwert H eingetreten ist. Bei der V*/H*-Messung fragt er nach dem Ergebnis H*. Ob H bzw. H* wirklich eingetreten ist, haben wir für ein willkürliches Beispiel in der siebten Zeile notiert.

Wir bestimmen noch die Wahrscheinlichkeiten, dass Bob den Messwert H bzw. H* erhält Wir betrachten beispielsweise das Photon Nr. 2 und lesen das Ergebnis an Abbildung 3.5 ab. Alle Vektoren haben die Länge eins. Bei der Präparation |V*⟩ und der H/V-Messung ist die Wahrscheinlichkeit ½, denn das Quadrat der Länge der Projektion von |V*⟩ auf |V⟩ und |H⟩ ist jeweils ½. Analog berechnet man die anderen Ergebnisse in der sechsten Zeile der Tabelle.

Im nächsten Schritt teilt Bob über einen öffentlichen Kanal, zum Beispiel übers Telefon, Alice mit, bei welchen Photonen sein Endergebnis «ja» gelautet hat. Das sind im Beispiel die Photonen 2, 5 und 6. Die zugehörigen Einstellungen seines Messgeräts verrät er dabei nicht. Bei diesen Photonen müssen die Zahlen aus den Zufallsfolgen übereingestimmt haben. In unserem Fall führt das auf die Zahlenreihe 0,1,0. Nur diese Zahlenreihe verwenden Alice und Bob als Schlüssel weiter. Sie stellen eine Zufallsfolge der Zahlen 0 und 1 dar, denn die Auswahl aus den ursprünglichen Zufallszahlen erfolgte im quantenmechanischen Messprozess rein zufällig. Alice und Bob besitzen infolgedessen am Ende des Verfahrens den gleichen Schlüssel, der alle Anforderungen erfüllt. Er wurde nicht durch einen öffentlichen Kanal übermittelt. *Der Schlüssel entstand überhaupt erst durch die Messung bei Bob.* Und deren Ergebnis war für das einzelne Photon nicht vorhersehbar.

Kann ein Spion diese Schlüsselübertragung «abhören»? Nehmen wir an, er weiß, dass Alice und Bob mit horizontaler und vertikaler Orientierung bzw. Verdrehung gegen diese beiden Orientierungen arbeiten. Aber er weiß nicht, was Alice im Einzelfall tut. Wenn Alice zur Zahl 1 ein Photon im Zustand |V⟩ präpariert und der Spion versucht, den Zustand zum Beispiel durch ein H*/V*-

Messgerät zu ermitteln, dann führt er eine Umpräparation durch. Er schickt ein Photon im Zustand $|H^*\rangle$ oder $|V^*\rangle$ an Bob weiter. Wenn Bob jetzt bei diesem Photon das H/V-Messgerät verwendet, das zu seiner Zufallszahl 0 gehört, gibt es eine Wahrscheinlichkeit ½ für den Messwert H. Bob findet dann in der Hälfte der Fälle das Endergebnis «ja» statt dem im ungestörten Fall zwingend eintretenden «nein». Daran sieht man, wie Bob und Alice vorgehen müssen, um den Spion zu enttarnen. Sie tauschen öffentlich Teile ihrer Schlüssel aus. Stimmen sie überein, verwenden sie den Rest. Wenn sie nicht übereinstimmen, haben sie den Spion enttarnt. In diesem Fall verwerfen sie den gesamten Schlüssel und beginnen mit einem neuen Versuch zur Erzeugung eines gemeinsamen Schlüssels. Das wiederholen sie so lange, bis sie Erfolg haben. So entsteht ein Verfahren, dessen hohe Abhörsicherheit durch die Prinzipien der Quantentheorie selbst garantiert wird.[16]

Der Spion hat an Photonen gemessen und sie dann weitergeschickt. Es gibt geschicktere Abhörverfahren, die eine komplizierte Auswertung der Daten von Bob und Alice erfordern. An dem oben geschilderten Verfahren lässt sich jedoch bereits ein typisches Element der Quantenkryptographie ablesen: Man versucht auszunutzen, dass quantenmechanische Messungen – und nur die kann ein Spion bei einzelnen Quantensystemen durchführen – im Allgemeinen umpräparieren. Dies führt zu Abweichungen vom ungestörten quantenmechanischen Resultat. Die Verwendung von Quantenobjekten, beispielsweise einzelnen Photonen, eröffnet ganz neue Perspektiven für die Kryptographie. Die Quantenkryptographie ist bereits nahe an einer technisch befriedigenden Realisierung. Ein Schlüsselaustausch über ca. 70 Kilometer wurde mit Hilfe eines Glasfaserkabels demonstriert. Das oben beschriebene Verfahren ist theoretisch besonders einfach. Es geht auf einen Vorschlag von C. H. Bennett aus dem Jahre 1992 zurück und wird das *B92-Protokoll* genannt.[17] Andere Verfahren verwenden die Quantenkorrelationen verschränkter Systeme, die wir in Kap. 4 behandeln werden.

3.9. Weder-noch-Zustände und Entweder-oder-Zustände

In der populärwissenschaftlichen Literatur wird immer wieder die folgende Frage diskutiert: Wenn mehrere Wege möglich sind, längs derer ein Photon «fliegen» kann, «fliegt» es dann auf allen Wegen gleichzeitig? Oder fliegt das einzelne Photon nur auf einem bestimmten Weg, aber die Wege wechseln von Photon zu Photon mit einer gewissen Wahrscheinlichkeit? Und schließlich: Kann man durch einen Eingriff von einer Situation zur anderen übergehen? Um das näher untersuchen zu können, führen wir für Zustände die fundamentalen Konzepte Überlagerung und Gemisch ein und veranschaulichen sie am Beispiel eines einfachen Experiments.

Wir beginnen mit einer elementaren, rein mathematischen Feststellung. Die nun schon oft benutzte Parallelogrammregel der Vektoraddition besagt, dass man den Vektor wie in Abbildung 3.2 als Summe der Vektoren $|v_\alpha\rangle$ und $|h_\alpha\rangle$ gewinnen kann. Die Summe der Vektoren $|v'_\alpha\rangle$ und $|h'_\alpha\rangle$ in Abbildung 3.7 ergibt aber ebenfalls $|\psi_\alpha\rangle$. Es gibt beliebig viele solcher Vektorsummen, die auf $|\psi_\alpha\rangle$ führen. Diese Überlegung zeigt bereits, dass für den Vektor $|\psi_\alpha\rangle$ die Vektoren $|v_\alpha\rangle$ und $|h_\alpha\rangle$ genauso wenig wie die Vektoren $|v'_\alpha\rangle$ und $|h'_\alpha\rangle$ oder andere passende Vektorpaare ausgezeichnet sind. Sie spielen deshalb auch physikalisch keine besondere Rolle. Alle physikalischen Aussagen können allein mit Hilfe des Zustandsvektors $|\psi_\alpha\rangle$ gewonnen werden. Es ist nur manchmal geschickt, zur Beschreibung der Messung der horizontalen bzw. vertikalen Polarisation den Vektor $|\psi_\alpha\rangle$ in die Vektoren $|v_\alpha\rangle$ und $|h_\alpha\rangle$ zu zerlegen, weil dann die Quadrate der Längen dieser Vektoren direkt die Wahrscheinlichkeiten angeben, mit der die horizontale bzw. vertikale Polarisation gemessen wird. Mit Bezug auf eine solche rein mathematische Zusammensetzung sagt man auch, der Vektor $|\psi_\alpha\rangle$ ist eine *Überlagerung* oder *Superposition* der entsprechenden Vektoren.

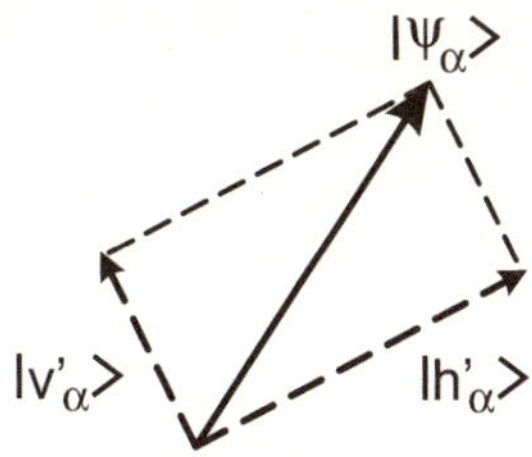

Abbildung 3.7: Der Vektor $|\psi_\alpha\rangle$ kann statt in $|v_\alpha\rangle$ und $|h_\alpha\rangle$, wie in Abbildung 3.2, auch in die Vektoren $|v'_\alpha\rangle$ und $|h'_\alpha\rangle$ zerlegt werden.

Die Vektoren $|V\rangle$ und $|H\rangle$ beschreiben die Quantenzustände mit vertikaler bzw. horizontaler Polarisation. Sie haben jeder für sich noch eine weitere physikalische Bedeutung. Zu ihrer Veranschaulichung kehren wir noch einmal zum Versuchsaufbau von Abbildung 3.1 zurück. Wenn ein Photon im vertikal polarisierten Zustand $|V\rangle$ (d. h. $\alpha = 0°$) einläuft, klickt stets der Detektor D_V, beim horizontal polarisierten Zustand $|H\rangle$ (d. h. $\alpha = 90°$) reagiert stets der Detektor D_H. Man erhält dasselbe Ergebnis, wenn man die Detektoren längs der gestrichelten Linien verschiebt. Mit diesen beiden speziellen Zuständen $|V\rangle$ und $|H\rangle$ wird man hinter dem Strahlteiler PST den Weg V (in Abb. 2.8 nach links) bzw. H (geradeaus) verbinden. Das einzelne Photon ist in diesem Sinne je nach Zustand auf einem der beiden Wege *lokalisiert. Mit der V/H-Eigenschaft ist eine Lokalisierungseigenschaft verbunden.*

Das ändert sich auch dann nicht, wenn man ein «gemischtes» Präparationsverfahren durchführt, bei dem nacheinander einzelne Photonen durch zufällig wechselnde Einstellung des Polarisationsdrehers PD_α mal vertikal polarisiert im Zustand $|V\rangle$ und mal horizontal polarisiert im Zustand $|H\rangle$ präpariert werden (vgl. Abb. 3.1). Diese Präparationen sollen jeweils mit bestimmten vom Experimentator festgelegten relativen Häufigkeiten geschehen, die nicht mit quantenmechanischen Wahrscheinlichkeiten beim Messprozess verwechselt werden dürfen. Auch bei diesem Vorgehen liegen die Wahrscheinlichkeiten für die Ergebnisse aller möglichen nachfolgenden Messungen fest. Es wird daher ein Quantenzustand präpariert. Das Konzept von Abschnitt 3.4 wird auf diese Weise verallgemeinert. Der Quantenzustand, der diesem Präparationsverfahren entspricht, heißt *Gemisch* oder *gemischter Zustand*. Auch in diesem Zustand ist je nach Konstruktion jedem Photon im Anschluss an den Strahlteiler PST entweder der Weg V oder der Weg H zugeordnet. Es ist lokalisiert. Wir behandeln als Beispiel den Spezialfall, dass die relativen Häufigkeiten jeweils ½ sind. Eine schematische Darstellung dieser Situation findet sich in Abbildung 3.8. Die Präparationsgeräte für die Zustände $|H\rangle$ und $|V\rangle$ werden zufällig mit der Wahrscheinlichkeit ½ tätig. Es wird jeweils ein horizontal bzw. vertikal polarisiertes Photon präpariert. Beide Geräte zusammen bilden ein einziges großes Präparationsgerät für ein Gemisch. Auch wenn die relativen Häufigkeiten unterschiedlich sind und mehr als zwei Präparationsgeräte beteiligt sind, wird ein Gemisch präpariert. Bei einer Messung an unserem speziellen gemischten Zustand sprechen die Detektoren D_H und D_V mit der gleichen relativen Häufigkeit ½ an.

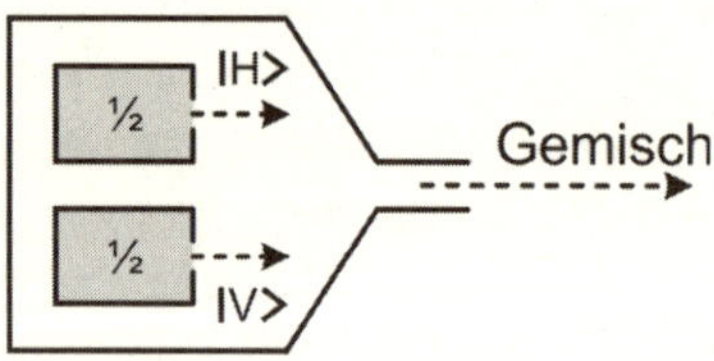

Abbildung 3.8: Die Präparationsgeräte für einzelne Photonen im Zustand $|V\rangle$ bzw. $|H\rangle$ werden in diesem Beispiel mit der Wahrscheinlichkeit ½ tätig. Auf diese Weise wird ein spezielles Gemisch präpariert.

Wir erhalten genau dasselbe Resultat, wenn die Photonen das ganz andere Präparationsverfahren durchlaufen haben, das zum Zustand $|\psi_\alpha\rangle$ mit $\alpha = 45°$ gehört. Die Projektionen $|v_\alpha\rangle$ und $|h_\alpha\rangle$ in Abbildung 3.2 haben dann die gleiche Länge. Beide Detektoren sprechen wieder mit der gleichen relativen Häufigkeit ½ an. Sind möglicherweise auch bei dieser Präparation die Photonen nach dem Strahlteiler lokalisiert und haben sie den jeweils ansprechenden Detektor auf bestimmten Wegen erreicht? Ist die Überlagerung aus horizontalem und vertikalem Zustand dem entsprechenden Gemisch dieser Zustände äquivalent? Ist es daher der gleiche Zustand? Die Antwort ergibt sich aus dem, was wir in den vorangegangenen Abschnitten über Quanteneigenschaften erfahren haben. Wir führen wieder ein Experiment durch. Hierzu werden mehrere Geräte unserer Sammlung kombiniert. Die etwas aufwendigere Diskussion dieses Experiments lohnt sich. Wir werden im nächsten Abschnitt sehen, dass sich der gleiche Versuchsaufbau für eine bemerkenswerte, typisch quantenmechanische Anwendung nutzen lässt.

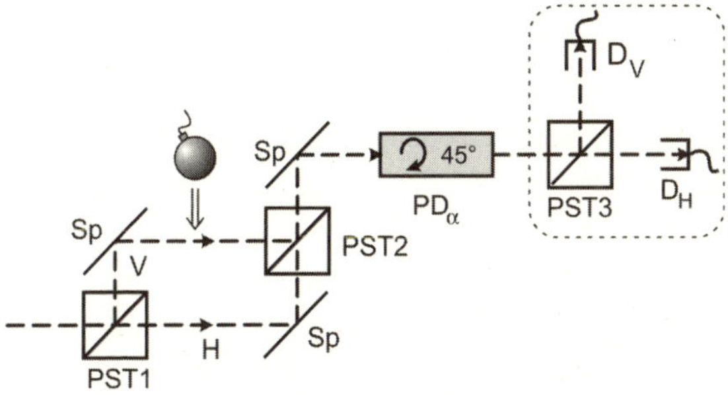

Abbildung 3.9: Demonstration der Eigenschaft eines Entweder-oder-Zustands bzw. eines Weder-noch-Zustands. Die Bombe wird erst in Abschnitt 3.10 eingeführt.

Wir erweitern die Versuchsanordnung von Abbildung 3.1. Hierzu nehmen wir die beiden Detektoren aus den Wegen heraus und führen die beiden Wege wieder zusammen, indem wir sie in umgekehrter Richtung (d.h. in den bisherigen Auslaufrichtungen) in den polarisierenden Strahlteiler PST2 einlaufen lassen. Wir untersuchen nur Polarisationen, etwaige Phasenverschiebungen sollen kompensiert sein. Die Bombe in Abbildung 3.9 behandeln wir erst später. Die Spiegel Sp bewirken eine Richtungsänderung. Wenn wir nicht messen, erfahren wir auch nichts. Wir folgen daher der Aufbauanleitung von Abbildung 3.1 und bauen hinter dem Strahlteiler PST2 noch einen Polarisationsdreher PD_α ein, der die Richtung des Zustandsvektors um $\alpha = 45°$ dreht. Danach folgt als Messgerät wie gewohnt der polarisierende Strahlteiler PST3 mit den beiden Ausgängen, auf denen die Detektoren D_H und D_V stehen.

Wenn in die Anlage Photonen im Zustand $|\psi_\alpha\rangle$ einlaufen, dann wird durch den zweiten Strahlteiler die Wirkung des ersten Strahlteilers aufgehoben, und hinter dem Strahlteiler PST2 liegt wieder dieser Zustand $|\psi_\alpha\rangle$ vor. Die Anfangspräparation hat sich nicht geändert. Wir wählen $\alpha = 45°$. Der nachfolgende Polarisationsdreher dreht dann um 45° in den Zustand $|H\rangle$ (vgl. Abb. 3.5). So präparierte Photonen können nur ein Ansprechen des Detektors D_H bewirken. Der Detektor D_V spricht also nicht an.

Nun unser zweites Experiment: Es läuft ein Gemisch aus den gleich häufig präparierten Zuständen $|H\rangle$ und $|V\rangle$ ein. Wieder bewirkt der Strahlteiler PST2, dass jeweils der ursprüngliche Zustand wiederhergestellt wird. Er führt auf Photonen, die sich in der Hälfte der Fälle im Zustand $|H\rangle$ und in der anderen Hälfte der Fälle im Zustand $|V\rangle$ befinden. Die Drehung dieser Zustände um 45° führt auf Zustände, deren Projektionen auf die Richtungen H und V nicht verschwinden (vgl. Abb. 3.5). Die Projektionen sind gleich groß. Über die Länge der Projektionen lesen wir ab, dass die Detektoren D_V und D_H beide mit der relativen Häufigkeit ½ ansprechen. Der Vergleich mit den Ergebnissen des ersten Experiments zeigt, dass das Ansprechen des Detektors D_V ein sicheres Anzeichen dafür ist, dass das Gemisch eingelaufen ist, denn beim Zustand $|\psi_\alpha\rangle$ kann dieser Detektor nicht ansprechen.

Durch die beiden Ausgangspräparationen werden demnach Quantenzustände völlig unterschiedlicher Art präpariert. In einem Fall entsteht ein Zustand $|\psi_\alpha\rangle$ mit $\alpha = 45°$, den man als mathematische Überlagerung oder Superposition von Zuständen mit horizontaler und vertikaler Polarisation schreiben kann. Wie Abbildung 3.2 zeigt, handelt es sich wieder um die Vektorsumme von Gleichung (3.1):

$$|\psi_\alpha\rangle = |V\rangle + |H\rangle\,. \tag{3.2}$$

Einen gemeinsamen Vorfaktor $1/\sqrt{2}$ haben wir weggelassen ($|v_\alpha\rangle = 1/\sqrt{2}|V\rangle, |h_\alpha\rangle = 1/\sqrt{2}|H\rangle$). Im anderen Fall ergibt sich ein Gemisch aus den vertikal und horizontal polarisierten Zuständen $|V\rangle$ bzw. $|H\rangle$. *Nur beim Gemisch lassen sich den Zuständen Polarisationswerte V bzw. H und damit Wege zuordnen. Bei der Überlagerung ist diese Interpretation nicht möglich.* Wir können auch verkürzt sagen: Ein Zustand $|\psi_\alpha\rangle$ ist kein Gemisch. Wenn man sich daran erinnert, wie unterschiedlich die jeweiligen Präparationsverfahren sind, dann ist das auch nicht überraschend. Zustände wie $|\psi_\alpha\rangle$, $|V\rangle$, $|H\rangle$ usw., bei deren Erzeugung nicht zwischen verschiedenen Präparationsverfahren abgewechselt wird, heißen *reine Zustände*.

Doch zurück zu den «Wegen». Wir haben gesehen, dass (außer bei $\alpha = 0°$ und $\alpha = 45°$) bei einem im reinen Anfangszustand $|\psi_\alpha\rangle$ präparierten Photon nach Einwirkung des Strahlteilers PST1 kein Zustand vorliegt, den man mit einem der beiden Wege verbinden könnte. Wir sind daher gezwungen zu sagen, dass das Photon auf keinem der Wege lokalisiert ist. Damit haben wir einen weiteren zentralen Punkt gefunden, in dem sich die Quantenphysik von der klassischen Physik unterscheidet. Schlagwortartig zusammengefasst kann man sagen, dass bei diesem reinen Zustand nach dem Strahlteiler PST1 von Abbildung 3.9 und vor dem Strahlteiler PST2 ein *Weder-noch-Zustand* vorliegt: «*Weder auf dem einen Weg, noch auf dem anderen Weg.*» Die physikalische Wirklichkeit bei der Überlagerung hat überhaupt nichts mit Wegen oder irgendwelchen anderen realen Alternativen zu tun. *Das einzelne Photon hat in diesem Zustand nicht die Eigenschaft, auf einem der Wege zu sein.* Das wird mit «Weder-noch» ausgedrückt. Die Frage «Welcher Weg?» ist für die Überlagerung zwar grammatikalisch korrekt, aber sie ist so sinnlos wie die ebenfalls grammatikalisch korrekte Frage, ob es nachts kälter ist als draußen. Demgegenüber kann man in unserem Beispiel den Photonen in den verschiedenen Zuständen $|V\rangle$ und $|H\rangle$, die zum Gemisch beitragen, jeweils den entsprechenden Weg zuordnen. Beim Gemisch können wir mit Blick auf die beiden Wege von einem *Entweder-oder-Zustand* sprechen: «*Entweder auf dem einen Weg, oder auf dem anderen Weg.*»

Wir stellen die oben eingeführten Bezeichnungen noch einmal zusammen. Es gibt zwei Arten von Quantenzuständen. Zum Gemisch, so wie wir es bisher kennengelernt haben, tragen mehrere Präparationsverfahren bei (Entweder-oder-Zustand). Ein reiner Zustand ist im Gegensatz dazu einem einzigen Präparationsverfahren zugeordnet. Er lässt sich mathematisch in verschiedener Weise als Überlagerung (Vektorsumme) von reinen Zuständen schreiben. Zur Veranschaulichung kann man ihn auch Weder-noch-Zustand nennen, da das System in keinem der Zustände präpariert wurde, die zur Überlagerung beitragen.

3.10. Quantendetektion hyperempfindlicher Bomben*

Nachdem wir die Grundlagen der Quantenphysik des einzelnen Photons im Wesentlichen vollständig dargestellt und im vorigen Abschnitt einen etwas komplizierteren Versuchsaufbau im Einzelnen besprochen haben, sollen die Ergebnisse noch einmal in einer einfachen Anwendung vorgestellt werden. Das Ergebnis ist verblüffend und macht deutlich, welches Potential – auch technisches Potential – in der Ausnutzung der Besonderheiten der Quantenwelt steckt.

* Abschnitte mit einem Stern können bei der ersten Lektüre des Buches überschlagen werden.

Es ist eine Alltagserfahrung, dass wir ein Objekt mit unseren Augen nur entdecken können, wenn es mit Licht bestrahlt wird. Wir registrieren dabei das gestreute Licht. Im Dunkeln kann man nichts sehen. Stellen wir uns vor, wir hätten es mit einer Bombe zu tun, die so hypersensibel ist, dass sie bereits zündet, wenn sie auch nur von einem einzigen Photon getroffen wird. Die Aufgabe besteht nun darin, diese Bombe mit Hilfe von Licht und sehr empfindlichen Detektoren zu entdecken, ohne sie zu zünden. Auf den ersten Blick scheint das nicht möglich zu sein. Das ist es auch nicht, wenn man klassisches Licht, also beispielsweise das Licht einer Taschenlampe, verwendet. Das ändert sich, wenn man die Quantenphysik der einzelnen Photonen ausnutzt und von nicht-lokalisierten reinen Zuständen Gebrauch macht. Dann eröffnen sich für die Lösung dieses Problems ganz neue Möglichkeiten.

Zu ihrer Realisierung lassen wir uns durch eine Idee von A. C. Elizur und L. Vaidman[18] aus dem Jahre 1993 anregen und kombinieren einige Ergebnisse, die wir in den vorigen Abschnitten erzielt haben. Wir verwenden wieder den Versuchsaufbau von Abbildung 3.9 und lassen einzelne Photonen einlaufen, die im reinen Zustand $|\psi_\alpha\rangle$ mit $\alpha = 45°$ präpariert wurden (vgl. Abb. 3.2 und Gleichung (3.2)). Hier ist die horizontal polarisierte Komponente $|H\rangle$ mit dem Weg H verknüpft und die vertikal polarisierte Komponente $|V\rangle$ mit dem Weg V. Auch hinter dem Strahlteiler liegt mit $|\psi_\alpha\rangle$ die Weder-noch-Situation vor.

Wir führen in den Weg V die Bombe ein (vgl. Abb. 3.9). Wichtig ist die folgende Überlegung: Die Bombe erfüllt die Anforderung an ein Quantenmessgerät, das an dem Zustand $|\psi_\alpha\rangle$ eine Messung durchführt, denn sie überführt das Photon in einen neuen Zustand und zeigt mit dem Messergebnis an, um welchen Zustand es sich handelt. Es gibt zwei Messergebnisse. Das erste Messergebnis besteht in der Explosion der Bombe. Das Photon wurde in diesem Fall durch die Messung in den Zustand $|V\rangle$ überführt und hat zugleich (auf dem Weg V) die Bombe gezündet. Dabei wurde es selbst vernichtet. Die zweite Möglichkeit ist, dass die Bombe nicht explodiert, obwohl ein Photon im Zustand $|\psi_\alpha\rangle$ in der Anlage war. Das ist aber ebenfalls ein durch das Ausbleiben der Bombenexplosion angezeigtes Messergebnis. Wir erhalten dadurch die Information, dass das Photon in den mit dem Weg H verbundenen Zustand $|H\rangle$ überführt wurde.

Bisher haben wir nur untersucht, was nach dem Strahlteiler PST1 und vor dem Strahlteiler PST2 passiert, wenn die Bombe eingeführt ist. Jetzt wenden wir uns der gesamten in Abbildung 3.9 skizzierten Anlage zu. Wir interessieren uns insbesondere für die Reaktion der Detektoren D_V und D_H. Für $\alpha = 45°$ haben die Projektionen von $|\psi_\alpha\rangle$ in Abbildung 3.2 die gleiche Länge. Die Wahrscheinlichkeit, dass die Bombe explodiert bzw. nicht explodiert ist daher jeweils ½. Wenn wir das Experiment häufig wiederholen, dann explodiert die Bombe also in der Hälfte der Fälle nicht, und das Photon wird nicht vernichtet. Das sind die für uns günstigen Fälle. Was ist für sie charakteristisch? Wie wir gesehen haben, wurde dann der Zustand $|\psi_\alpha\rangle$ in den Zustand $|H\rangle$ überführt. Von diesem hatten wir im vorigen Abschnitt gezeigt, dass er wiederum in jeweils der Hälfte der Fälle ein Ansprechen der Detektoren D_V und D_H bewirkt. Das ist ein Viertel der Ausgangsfälle. Ist allerdings die Bombe gar nicht vorhanden, dann wird der Zustand $|\psi_\alpha\rangle$ auch nicht abgeändert, und wir wissen vom vorigen Abschnitt, dass für alle einlaufenden Photonen stets der Detektor D_H reagiert und nie der Detektor D_V. Das macht wieder den Unterschied. Wir fassen zusammen: *Wenn D_V anspricht, dann erlaubt das den sicheren Schluss, dass die Bombe installiert ist, ohne dass sie gezündet wurde.* Aus dem Ansprechen des Detektors D_H kann nichts gefolgert werden, da er auch dann anspricht, wenn sich keine Bombe im Strahlengang V befindet.

Wir haben also mit der Quantenanlage unsere Aufgabe zumindest teilweise erfüllt. Was wir gefunden haben, ist typisch für Anlagen, die die Besonderheiten der Physik einzelner Quantensysteme ausnutzen. Wir formulieren das Ergebnis noch einmal mit Bezug auf Wahrscheinlichkeiten. Es ist die Aufgabe herauszufinden, ob sich an einer gewissen Stelle eine Bombe befindet. Wir platzieren unseren Versuchsaufbau so, dass diese Stelle auf dem Weg V liegt. Wir machen das Experiment mit nur einem Photon. Wenn eine Bombe vorhanden ist, dann ist die Wahrscheinlichkeit ½, dass wir mit unserem Verfahren keinen Erfolg haben und die Bombe gezündet wird. Wenn wir keine Explosion hören, kontrollieren wir, welcher Detektor angesprochen hat. Ist das der Detektor D_H, dann können wir keine Aussage machen. Hat allerdings D_V reagiert, dann haben wir mit Sicherheit eine Bombe entdeckt. Mit der Wahrscheinlichkeit $½ \cdot ½ = ¼$ (also in einem Viertel der Fälle) können wir mit einem einzigen Photon eine Bombe nachweisen, ohne sie zu zünden. Typisch für diese wie für viele andere Anwendungen ist, dass mit dem Quantenobjekt Photon etwas gelingt, was mit klassischem Licht nicht möglich ist, dass sich aber der Erfolg nur mit einer gewissen Wahrscheinlichkeit einstellt.

Voraussetzung für das Funktionieren der Anlage war die Präparation des einzelnen Photons in einem reinen Ausgangszustand $|\psi_\alpha\rangle$, der weder $|V\rangle$ noch $|H\rangle$ ist. Warum muss man das betonen? Kann man nicht einfach sagen, dass hinter dem ersten Strahlteiler PST1 die Photonen entweder auf dem oberen Weg laufen und die Bombe zünden oder auf dem unteren Weg laufen und die Bombe nicht zünden? Das wäre der Fall, wenn am Anfang der oben beschriebene gemischte Zustand aus $|V\rangle$ und $|H\rangle$ präpariert worden wäre. Erinnern wir uns daran, was im vorigen Abschnitt diskutiert wurde. In diesem Fall könnte auch bei Abwesenheit der Bombe der Detektor D_V ansprechen. Wir machen pro Bombe immer nur ein Experiment. Welcher Detektor auch anspricht, wir erhalten dadurch keine Information. So wäre es auch, wenn Photonen so etwas wie kleine Kugeln wären, die auf Wegen laufen. Erst dadurch, dass wir das einlaufende Photon in dem Weder-noch-Zustand $|\psi_\alpha\rangle$ präpariert haben, konnte das gewünschte Ergebnis mit der Anlage erzielt werden.

3.11. Blick zurück: Das Szenario der Quantenphysik

«Denn ich selbst bin überzeugt, dass eine Rückkehr zum Stil der Naturgesetze von Newton bis 1927 nicht möglich ist; so geht es ganz bestimmt nicht!»
Wolfgang Pauli[19]

Wir wollen an dieser Stelle noch einmal auf die vorigen Abschnitte zurückblicken. Wenn man einen Experimentalphysiker in seinem Labor besucht, was sieht man? Man sieht, neben vielen anderen Dingen, Metallkästen mit Einstellknöpfen und Anzeigegeräten, Kabel, Bildschirme, Computer und in machen Fällen noch Lichtquellen, Linsen, Prismen, usw. In einem anderen Labor strömt vielleicht eine Flüssigkeit durch große Röhren um Hindernisse herum. Die Zusammenstellung der Geräte, der Aufbau des Versuches und die Manipulationen während des Experiments, alles geht «von Hand». Messwerte werden abgelesen oder ausgedruckt. Aufbau und Durchführung des Versuchs lassen sich im Prinzip ganz im Rahmen der klassischen Physik beschreiben. Wenn wir Physiker fragen, woran sie Experimente durchführen, wird der eine von strömenden Flüssigkeiten, ein anderer hingegen von einzelnen Photonen sprechen. Im ersten Fall kann man sogar das Objekt der Untersuchung «anfassen». Fragt man im zweiten Fall weiter, wieso denn da an einem einzelnen Photon experimentiert wird, bekommt man als Antwort, dass das Verhalten der aufgebauten Geräte zusammen mit der Quantentheorie der Photonen und ihrer Interpretation genau diesen Schluss nahelegen. Alles «passt». Das zeigt, dass wir noch etwas bei der Beschreibung der beiden Labors vergessen haben, was erst das Bild vollständig macht: In Regalen stehen Bücher, die die Theorien zu den Experimenten enthalten. Sie sind in den beiden Fällen sehr unterschiedlich.

Abbildung 3.10: Die drei Phasen eines Experiments

Dennoch laufen die typischen Experimente der klassischen Physik und der Quantenphysik ganz analog ab. Ein Experiment lässt sich in drei unabhängig aufeinander folgende Phasen zerlegen: *Präparation*, *Transformation* und *Messung* (vgl. Abb. 3.10). Die Eingriffe erfolgen mit Hilfe der drei entsprechenden Apparatetypen. Das Präparationsgerät präpariert das Objekt in einem bestimmten Zustand. Wir wissen, was diese Redeweise für Quantensysteme bedeutet. Der Transformationsapparat wirkt auf das System ein und ändert den Zustand in festgelegter Weise ab. Am Schluss wird gemessen.

In der von uns betrachteten quantenphysikalischen Situation von Abbildung 3.1 wird ein einzelnes Photon in der Ein-Photon-Quelle erzeugt und durch den Polarisator P_V im reinen Zustand $|V\rangle$ präpariert, dem wir die Quanteneigenschaft «vertikale Polarisation» zugeschrieben haben. Das Transformationsgerät ist in unserem Beispiel der Polarisationsdreher PD_α. Er verdreht verschiedene Anfangspolarisationen einheitlich jeweils um den Winkel α. In der theoretischen Formulierung wird der Vektor des Quantenzustands gedreht, und das bedeutet, dass sich bei Messungen am System die Wahrscheinlichkeiten für das Eintreten von Messergebnissen entsprechend ändern, wenn denn gemessen wird. Das Ergebnis dieser Umpräparation ist der Zustand $|\psi_\alpha\rangle$. Welcher das ist, kann von der Zeit abhängen, mit der das Präparationsgerät einwirkt. Für das Quantensystem selbst findet während dieser Zeit jedoch kein Ereignis statt. Das nächste Ereignis ist erst das tatsächliche Eintreten des Messergebnisses in der nachfolgenden Messung.

Die abschließende Quantenmessung ist eine Einwirkung von anderer Art als die Transformation. An ihrem Ende kann am Messgerät, das in unserem Fall aus polarisierendem Strahlteiler PST und den Detektoren $\tilde{D}_V$ und $\tilde{D}_H$ besteht, ein Messwert abgelesen werden. Wir diskutieren das Beispiel, dass $\tilde{D}_H$ klickt. Der Zustand vor der Messung legt die relativen Häufigkeiten für die verschiedenen Messergebnisse fest. Bei gleichem Zustand ist eine Vorhersage darüber, welches Messergebnis im Einzelfall eintreten wird – von Spezialfällen abgesehen – nicht möglich.

Auch über den Ausgang eines Fußballspiels können wir keine Vorhersage treffen. *Die Zukunft ist in beiden Fällen offen.* Die Situationen unterscheiden sich aber in fundamentaler Weise. Anders als beim Fußballspiel kann bei der Quantenmessung auch rückblickend keine Begründung dafür gegeben werden, warum sich ein spezielles Resultat ergeben hat. In diesem Sinn ist für ein Quantensystem auch die Vergangenheit offen.

Wenn das Quantensystem nach der Messung noch zur Verfügung steht, weil nicht-zerstörende Detektoren verwendet wurden, kann man eine Selektion anschließen. Man sortiert die Quantensysteme nach den Messergebnissen (z. B. $\tilde{D}_H$ hat angesprochen). Dann zeigt sich, dass dadurch für jedes Messergebnis ein wohl bestimmter Zustand präpariert wird. In diesem Beispiel befindet sich der Zustandsvektor als Ergebnis der *selektiven Messung* in der Position $|H\rangle$ von Abbildung 3.2. Und wieder bedeutet das nur, dass sich alle Wahrscheinlichkeiten für mögliche Ergebnisse nachfolgender Messungen nunmehr mit Hilfe des Zustands $|H\rangle$ berechnen lassen. Die selektive Messung ist ein Präparationsverfahren.

Warum haben wir die Quantenmessung so abstrakt und allgemein charakterisiert und nicht einfach von der Messung einer Eigenschaft, wie der Energie oder der Polarisation, gesprochen? Ganz einfach deshalb, weil in den modernen Anwendungen der Quantentheorie, etwa im Bereich der Quanteninformationsverarbeitung, allgemeinere Quantenmessungen als die, die wir bisher beschrieben haben, eine wichtige Rolle spielen.[13] In vielen Fällen kann man bei ihnen nicht einmal von der Messung von Quanteneigenschaften sprechen, weil es keine Wiederholbarkeit mit gleichem Ergebnis gibt. Es geht in der Quantenphysik nicht darum zu fragen, welche Eigenschaft gemessen, sondern welcher Messeingriff durchgeführt wurde. *Eine selektive Quantenmessung ist ganz allgemein eine vom Gerät durch den Messwert angezeigte Umpräparation mit Informationsgewinn.* Man kennt den Zustand, wenn man das Messgerät und den Messwert kennt. Dieser Informationsgewinn und die Tatsache, dass für eine Einzelmessung der Messwert und der zugehörige Einfluss auf das vermessene Quantensystem im Allgemeinen vorher nicht festliegt, unterscheidet die Messung von der Transformation.

Vergegenwärtigen wir uns noch einmal die Situation im Labor, in dem ein quantenphysikalisches Experiment durchgeführt wird. Wir können sie durch eine Analogie veranschaulichen. Mit Präparation, Transformation und Messung stehen uns drei verschiedene Eingriffsformen zur Verfügung. *Eingriff* bedeutet zunächst einmal nur die Tätigkeit des Experimentators, der verschiedene Geräte aufbaut, einstellt und abliest. In unserer Standardinterpretation gehen wir darüber hinaus davon aus, dass es eine Quantenwelt gibt. Die Eingriffe greifen in diese Quantenwelt ein. Den drei Eingriffstypen entsprechen *drei Typen von Schnittstellen* zwischen klassischer Welt und Quantenwelt. Die Schnittstellen befinden sich in den Apparaten. Ein Apparat und ein Quantensystem bilden jeweils ein Ganzes.

Von der Quantenwelt selbst machen wir uns kein «Bildnis oder Gleichnis», das ja notwendigerweise nur der klassischen Physik entstammen könnte und vermutlich auf Paradoxien führen würde. Die Theorie sagt uns, wie die spezifische Anfangspräparation, die spezielle Transformation und die resultierenden Wahrscheinlichkeiten für das Auftreten von Messergebnissen über die Quantenwelt – oder besser über die Quanten-«Unterwelt» – miteinander zusammenhängen. Bei den Vorstellungen von der Quantentheorie, die wir bisher entwickelt haben, befinden wir selbst uns ganz auf der klassischen Seite der Schnittstellen. Wir wissen nicht, was an den Schnittstellen im Einzelnen passiert. Das mag für manche eine unbefriedigende Vorstellung sein. Darauf müssen wir noch zurückkommen. Es muss aber festgehalten werden, dass sich mit der bisher beschriebenen Vorstellung und der damit entwickelten Quantentheorie, die wir hier nicht in allen Einzelheiten vorstellen können, immerhin alle experimentellen Resultate begründen lassen, die sich in über 100 Jahren im Quantenbereich ergeben haben. Diese Quantentheorie ist also sehr erfolgreich. In dem Bewusstsein jedoch, dass zu einer Theorie immer auch eine Alternativtheorie mit anderen Abbildungsprinzipien und anderen Wirklichkeiten denkbar ist, nennen wir die bisher beschriebene Theorie die *Standard-Quantentheorie.*[20] Die Bezeichnung ist gerechtfertigt, weil sie die weltweit fast ausschließlich gelehrte Theorie für den Anwendungsbereich der Quantenphysik ist. Wenn keine Missverständnisse entstehen können, verzichten wir auf den Zusatz.

Es muss noch einmal besonders betont werden, dass die Prozesse, die beim Transformationseingriff einerseits und beim Messeingriff andererseits stattfinden, unterschiedlich sind. Entsprechend ist auch die theoretische Beschreibung dieser Eingriffe sehr verschieden. Wir stellen sie hier noch einmal einander gegenüber. *Es gibt in der Standard-Quantentheorie zwei verschiedene Dynamiken.* Beide werden im Mathematischen Teil (MT), im Grundbereich (GB) und in den Abbildungsprinzipien (AP) getrennt aufgeführt (vgl. Abschn. 2.4). Zusammen bilden sie die Theorie. Dem Transformationseingriff entspricht eine stetige Drehung des Zustandsvektors. Sie wird als Funktion der Zeit durch die *Schrödinger-Gleichung* wiedergegeben, die wir hier nicht diskutieren können. Im Polarisationsdreher zum Beispiel wächst der Drehwinkel von $|\psi_\alpha\rangle$ in Abbildung 3.2 in wohlbestimmter, also *deterministischer Weise* mit der Länge des verwendeten Apparats an. Man kann auch mehrere Dreher hintereinander setzen. Insbesondere kann man einen Dreher auch umdrehen und die Drehung wieder rückgängig machen. Der Dreher beeinflusst die Photonen in einer *umkehrbaren Weise*. Diesen speziellen Typ von dynamischem Einfluss wollen wir als *Transformationsdynamik* bezeichnen.

Der dynamische Einfluss während des Messeingriffs wurde von uns ganz anders beschrieben. Es gibt einen Zustandsvektor vor der Messung. Durch ihn ist festgelegt, mit welcher Wahrscheinlichkeit die möglichen Messwerte eintreten. Mit jedem Messwert ist über die entsprechende Selektion ein Präparationsverfahren verknüpft. Es wird durch einen speziellen Zustandsvektor nach der Messung beschrieben. Welcher Messwert eintritt, ist Zufall. *Es gibt in der Standard-Quantentheorie keine detaillierte Beschreibung dafür, wie sich der Eingangszustand im Verlauf der Zeit unter dem Einfluss der Messung in den Ausgangszustand entwickelt.* Die einzelne Messung ist ein *nicht-deterministischer Prozess*. Ein Messgerät ist für uns ein «schwarzer Kasten». So wie wir bisher die Theorie formuliert haben, wissen wir nicht, was in seinem Inneren abläuft. Wir können aber sagen, welcher Messwert und welcher Zustand am Ende mit einer gewissen Wahrscheinlichkeit vorliegen wird. Hierfür gibt es in der Theorie die Regeln des Messprozesses. Der zugehörige physikalische Vorgang ist *nicht umkehrbar*. Der Zeiger am Messgerät geht nicht in seine Ausgangsposition zurück. Wir nennen diese Dynamik die *Messdynamik*.

An dieser Stelle muss einem Missverständnis vorgebeugt werden. Messapparate sind aus Materialien aufgebaut, deren Verhalten sich quantenmechanisch beschreiben lässt. Diese Materialien oder ihre Bestandteile können selber in gewissen Situationen als Quantensysteme aufgefasst werden. Wenn aber das Gerät als Messgerät eingesetzt wird, dann ist es hinsichtlich seiner Auswirkungen mit Hilfe der sehr einfachen und allgemein gültigen Messdynamik beschreibbar. Deren Regeln führen direkt auf die gewünschten Aussagen, ohne dass es nötig wäre, die komplexen Vorgänge während der Messung im Einzelnen durchzurechnen. Das ist ihr Vorteil.

Wenn man begrifflich eine so deutliche Unterscheidung macht, drängt sich ein *Forschungsprogramm* auf, das zu einer Alternativtheorie zur Standard-Quantentheorie führen könnte: Lässt sich die Messdynamik auf die Transformationsdynamik zurückführen? Können wir in den «schwarzen Kasten» Messgerät «hineinschauen» und allein mit Hilfe der Transformationsdynamik beschreiben, was passiert, um auf diese Weise eine Ableitung für die Regeln für den Messprozess zu geben? Das ist das *Messproblem*. Es tritt nur im Forschungsprogramm für die Entwicklung einer Alternativtheorie auf. Wie wir sehen werden, gibt es zu seiner Lösung interessante Ansätze. Die Standard-Quantentheorie hat demgegenüber kein Messproblem. Der «Schwarze Kasten» wird als solcher akzeptiert und sein Verhalten beschrieben.

Wir nutzen noch diesen Blick zurück, um den Zusammenhang mit einer häufiger anzutreffenden Bezeichnung herzustellen. Ende der 1920er Jahre wurde von Nils Bohr und Mitarbeitern in Kopenhagen ein Verständnis der Quantentheorie formuliert, das später von Bohr selber sowie von Werner Heisenberg, Wolfgang Pauli, Wladimir Fock und anderen weiter präzisiert wurde. Es wurde *Kopenhagener Interpretation* oder Deutung genannt. Es gibt für sie keine kanonische Formulierung und auch keine einheitliche Meinung dazu, was unter ihr zu verstehen ist. Alle Versionen haben aber gemeinsam, dass die Quantenmechanik primär Aussagen über makroskopische klassische Systeme macht. Das Präparationsverfahren wird klassisch beschrieben. Der Messprozess ist prinzipiell nicht weiter analysierbar. Das ist ein zentraler Punkt. Bohr selber spricht nicht von Quantensystemen. Das Eingangszitat von Abschnitt 3.3 veranschaulicht das. Diese sehr reduzierte Version entspricht der Standard-Quantentheorie mit minimaler Interpretation. Die Nachfolger waren weniger einschränkend. Ihre Position wird eher durch die in Abschnitt 3.4 beschriebene Standard-Interpretation wiedergegeben.

3.12. Verstanden?

«Jeder kann alles begreifen. Es ist eine Frage der Zeit, der Erziehung. Wir können den Leuten nicht sagen: Lesen Sie einen Krimi, das ist einfacher.»

Pierre Boulez (geb. 1925)[21]

Was kann mit Bezug auf die Quantenphysik mit dieser Frage gemeint sein? Wir hatten schon in Abschnitt 3.3 und 3.4 gesehen, dass die Quantenphysik mit mathematischem Teil, Grundbereich und Abbildungsprinzipien von ihrem Aufbau her keine Sonderrolle in der Gesamtheit der Gebiete der Physik spielt. Das gilt in gleicher Weise für das Verstehen der Quantentheorie. Die Quantentheorie ist genauso verständlich bzw. unverständlich und genauso anschaulich bzw. unanschaulich wie beispielsweise die Elektrostatik. Beginnen wir mit der *Anschaulichkeit.*

Eine Erklärung gilt üblicherweise als anschaulich, wenn sie ganz mit Mitteln der klassischen Mechanik gelingt. Gewünscht ist, dass sich alles auf die Physik von kleinen Kugeln, gespannten Federn, strömenden Flüssigkeiten usw. zurückführen lässt. In diesem Sinne kann selbst die Elektrostatik, die wir wieder als ein Beispiel für klassische Physik nehmen, selbstverständlich nicht anschaulich sein. Denn dann ließe sie sich völlig durch die Mechanik ersetzen und wäre eine überflüssige Theorie. Genauso wenig kann die Quantentheorie anschaulich sein, denn dann würde für Quantenobjekte mit Masse (wie Elektronen, Protonen, Atomen usw.) ihr Anwendungsgebiet genau mit dem der klassischen Mechanik übereinstimmen. Wie die vorangegangenen Abschnitte gezeigt haben, ist diese Übereinstimmung allerdings kaum zu erwarten. Wir werden im nächsten Kapiteln dieser Frage noch einmal genauer nachgehen.

Wenn ein physikalischer Laie dieses leider prinzipiell nicht erfüllbare Verlangen nach Anschaulichkeit hat, muss er wissen, dass er sich damit durchaus in bester Gesellschaft befindet. Lord Kelvin

(1824–1907) war ein bedeutender Physiker, der wichtige Beiträge zur Physik, insbesondere zur Wärmelehre, geliefert hat. Die absolute Temperaturskala erinnert an ihn. Lord Kelvin schrieb 1884: «*Ich bin niemals zufrieden, bevor ich ein mechanisches Modell des Gegenstandes konstruiert habe, mit dem ich mich beschäftige. Wenn es mir gelingt, ein solches herzustellen, verstehe ich, andernfalls nicht. Daher kann ich die elektromagnetische Theorie des Lichts nicht begreifen.*»[22] Für Lord Kelvin war im oben besprochenen Sinne eine Theorie, die besagt, dass Licht eine elektromagnetische Welle ist, zu unanschaulich. Er konnte eine Theorie nicht verstehen, mit der heute jeder Oberstufenschüler einer höheren Schule aufwächst – und sie hoffentlich versteht. *Was das Verstehen der Quantentheorie so erschwert, ist ihre Bilderarmut. Es gibt in ihrem Rahmen keine durch einprägsame Bilder und Metaphern hervorgerufene Intuition, sondern nur die Macht der mathematischen Formulierung.*

Wenn uns Anschaulichkeit als Kriterium für Verständlichkeit sowohl beim Beispiel der Elektrostatik als auch bei der Quantentheorie fehlt, was ist dann mit *Verstehen* gemeint? Wir wollen auch bei dieser Frage nicht explizit Zusammenhänge zu Diskussionen in der Philosophie herstellen, sondern nur kurz skizzieren, was Physiker üblicherweise mit Verstehen meinen. Es geht also auch in diesem Fall wieder um eine Art Standardinterpretation des Wortes. Wenn ein Kurs mit dem Titel «Das Internet verstehen» angeboten wird, dann erwarten die Teilnehmer, dass sie hinterher mit dem Internet aktiv umgehen können, dass sie wissen, was mit bestimmten Begriffen gemeint ist, und dass sie zwischen den vielen Prozeduren und Konzepten, mit denen sie dabei konfrontiert werden, tiefere Zusammenhänge herstellen können. Genau das meint man auch, wenn man von jemandem sagt, er hat die Elektrostatik oder gar die Quantentheorie verstanden. Dann kann er die Strukturen und Besonderheiten dieser Theorien in den Gesamtzusammenhang aller physikalischen Theorien einordnen, Ähnlichkeiten und insbesondere Unterschiede aufzeigen. Er weiß, wie man diese Theorien innerhalb ihrer Anwendungsbereiche verwenden muss und insbesondere welche Folgen seine verschiedenen experimentellen Eingriffe für die beschriebenen physikalischen Systeme haben. Auf dieser Grundlage entwickelt sich möglicherweise dann doch eine gewisse Intuition. Beim Internet spricht man gerne vom Umgang mit einer virtuellen Welt. Wir beschreiben hier den Umgang mit einer Quantenwelt.

4. Zusammengesetzte Quantensysteme

Wenn man zusammengesetzte Quantensysteme mit einbezieht, treten neue Strukturen der Quantenwelt hervor. Die nicht-separablen Systeme und ihre verschränkten Zustände stehen in diesem Kapitel im Mittelpunkt. Globale Eingriffe an diesen Systemen, beispielsweise nicht-lokale Messungen, werden möglich. Andererseits sind die Messwerte lokaler Messungen an den Teilsystemen in einer typisch nicht-klassischen Weise korreliert. So manifestiert sich die Verschränkung. Als Anwendungen werden die experimentelle Widerlegung klassischer Alternativtheorien für den Quantenbereich und die Quantenteleportation vorgestellt. Wir haben uns in Abschnitt 2.2 darauf festgelegt, nicht mehr Mathematik als die Vektoraddition zu verwenden. Daher können wir in diesem und dem nächsten Abschnitt einige Rechnungen nicht explizit vorführen. Wir begnügen uns in diesen Fällen damit, die zugehörigen Handlungsabläufe und Beobachtungsresultate zu beschreiben und die physikalischen Konsequenzen zu diskutieren.

4.1. Der große Zauberer

Es gibt Erfahrungen, die mit der klassischen Physik nicht beschreibbar sind. Das folgende experimentell realisierbare Beispiel zeigt das. Wir beobachten einen Zauberer bei seiner Arbeit und überlegen uns danach, wie er sein verblüffendes Zauberkunststück fertiggebracht hat bzw. worin sein Trick gerade nicht bestanden haben kann.[23] Der Zauberer übergibt vor einem Publikum seinen beiden Assistenten Alice und Bob jeweils etwas. Es ist nicht genau zu sehen, was das für ein Objekt ist. Dann trennen sich Alice und Bob und gehen in verschiedene Räume, in denen sich wiederum

Publikum befindet. Durch die Wände der Räume ist keine Kommunikation möglich. In den Räumen wird Alice bzw. Bob vom Publikum jeweils eine von zwei möglichen Fragen gestellt. Durch Münzwürfe wird in jedem Raum entschieden, was gefragt wird. Beim Ergebnis «Kopf» lautet die Frage «Welche Farbe gefällt Ihnen?». In diesem Fall antwortet der oder die gefragte Person, nachdem sie ihr geheimnisvolles Objekt zu Rate gezogen hat, entweder «Rot!» oder «Grün!». Ergibt der Münzwurf «Zahl», dann fragt das Publikum «Welches Gemüse schmeckt Ihnen?». Die abgelesene Antwort lautet entweder «Karotten!» oder «Erbsen!». Nachdem Alice und Bob jeweils eine Frage beantwortet haben, kommen alle wieder beim Zauberer zusammen. Die beiden Frage-Antwort-Paare werden in eine Liste eingetragen. Damit ist der erste Durchgang beendet.

Es folgt der nächste Durchgang, der wieder damit beginnt, dass der Zauberer sowohl Alice als auch Bob ein Objekt übergibt. Das Publikum kann wieder nicht genau sehen, worum es sich dabei handelt. Wieder gehen Alice und Bob in ihre isolierten Räume. Es werden Münzen geworfen, Fragen gestellt, Antworten gegeben und die Ergebnisse in die große Liste eingetragen. Diese Durchgänge werden sehr häufig wiederholt. Dabei geben Alice und Bob auf die Frage nach der Farbe bzw. dem Gemüse nicht immer dieselbe Antwort. Ihnen gefallen offenbar beide Farben und ebenso auch beide Gemüsesorten. Am Schluss treffen sich alle und analysieren die Fragen und Antworten auf Regelmäßigkeiten hin.

Vier Kombinationen von Fragen sind möglich. Sie können in drei Fälle unterteilt werden: Alice und Bob werden beide nach «Farbe» gefragt, nur einer von ihnen wird nach «Farbe» und der andere nach «Gemüse» gefragt, oder beide werden nach «Gemüse» gefragt. Das Publikum schaut sich in der langen Ergebnisliste die drei Fälle genauer an und findet:

	Alice	**Bob**
1. Fall	«Farbe?»	«Farbe?»
	Mindestens einmal sind auf die Fragen («Farbe?», «Farbe?») die Antworten («Grün!», «Grün!») gegeben worden.	
2. Fall	«Farbe?»	«Gemüse?» oder
	«Gemüse?»	«Farbe?»
	Wenn einer bei dieser Fragenkombination mit «Grün!» geantwortet hat, dann hat der andere stets die dazu passende Antwort «Erbsen!» gegeben.	
3. Fall	«Gemüse?»	«Gemüse?»
	Bei dieser Fragenkombination hat mit Sicherheit mindestens einer mit «Karotten!» geantwortet.	

Dasselbe ergibt sich, wenn das Zauberkunststück am nächsten Tag wiederholt wird. Das Publikum stellt fest, dass trotz fehlender Kommunikationsmöglichkeiten eine recht große Regelmäßigkeit bei den Antwortpaaren vorliegt.

Wir stellen zur Verdeutlichung noch einmal heraus, worin die Regelmäßigkeit besteht und was unregelmäßig ist. Die Antworten wurden immer paarweise gegeben, etwa («Grün!», «Erbsen!»). Verschiedene Antwortkombinationen sind möglich. Es zeigt sich bei den Wiederholungen an den nächsten Tagen, dass die relative Häufigkeit, mit der eine Antwortkombination bei einem bestimmten Fragepaar auftritt, bei jeder Vorstellung die gleiche ist. Für das Antwortpaar («Grün!», «Grün!») ist sie nie gleich Null (1. Fall). Dieses Antwortpaar tritt auf jeden Fall mindestens einmal auf. Wie der 2. und der 3. Fall zeigen, sind die relativen Häufigkeiten für die Antwortpaare («Grün!», «Karotten!»), («Karotten!» «Grün!») und («Erbsen!», «Erbsen!») stets alle gleich Null, das heißt, sie treten nie auf. Auch für andere Kombinationen lassen sich die relativen Häufigkeiten aus den angelegten Listen entnehmen. Sie liegen also fest. Demgegenüber ist es bei einer Fragekombination völlig zufällig, welches der erlaubten Antwortpaare im Einzelfall gegeben wird. Hier ist eine Regelmäßigkeit nicht zu erkennen. Die Reihenfolge ändert sich mit jeder Vorstellung. Zur Charakterisierung einer solchen Situation sagt man, die Antworten von Alice und Bob sind *korreliert*. Es handelt sich dabei aber um eine besondere Form von Korreliertheit, denn die Räume sind perfekt isoliert. Eine Beeinflussung ist ausgeschlossen. Wenn im 2. Fall einer mit «Grün!» antwortet, bewirkt das nicht, zum Beispiel über eine Wechselwirkung, dass der andere mit «Erbsen!» antwortet. Die Antworten sind also *nicht kausal korreliert*. Auch die Handschuhe in Abschnitt 2.7 waren es nicht. Solche Korrelationen werden im Mittelpunkt der Untersuchungen in den nächsten Abschnitten stehen. Doch zunächst kehren wir zum Publikum zurück, das das Ergebnis bislang noch nicht für Zauberei hält.

Die Verblüffung stellt sich erst bei dem Versuch ein, im Einzelnen herauszubekommen, von welcher Art das Ding sein könnte, das der Zauberer Alice und Bob gegeben hat. Es muss etwas gewesen sein, an dem Alice und Bob bei jedem Durchgang neu ablesen konnten, wie sie auf die beiden möglichen Fragen («Farbe?», «Gemüse?») antworten sollen. Nehmen wir der Einfachheit halber an, dass sie vom Zauberer bei jedem Durchgang einen beschriebenen Zettel erhalten haben, auf dem die Antworten stehen, die sie auf die möglichen Fragen geben sollen. Wenn wir uns noch einmal die verschiedenen Fälle anschauen, dann sehen wir, dass der Zauberer Zettel mit ganz unterschiedlichen Kombinationen von Fragen und Antworten verteilt haben muss. Er wird das für die möglichen Kombinationen mit unterschiedlichen relativen Häufigkeiten getan haben, die sich aber in jeder Vorstellung wiederholen. Auf jeden Fall liegt aber durch die Zettel bereits im Augenblick der Ausgabe durch den Zauberer fest, wie Alice und Bob auf die verschiedenen Fragen, die ihnen gestellt werden können, antworten sollen. Was könnte der Zauberer geschrieben haben, damit sich die oben aufgeführten Korrelationen zwischen Fragen und Antworten ergeben? Was stand auf den Zetteln?

Der erste oben beschriebene Fall zeigt uns, dass der Zauberer neben anderen pro Vorstellung mindestens auch ein Zettelpaar verteilen muss, bei dem auf beiden Zetteln «Grün» steht. Nehmen wir diesen Fall an. Das Publikum könnte die Fragenpaare («Farbe?», «Gemüse?») oder («Gemüse?», «Farbe?») stellen. Damit Alice und Bob auch dann richtig antworten, muss auf beiden Zetteln als Gemüse «Erbsen» stehen. Das fordert der zweite Fall. Aber bei diesem Zettelpaar kann das Publikum genauso gut («Gemüse?», «Gemüse?») fragen. Dann sind Alice und Bob gezwungen beide mit «Erbsen!» zu antworten, weil das so auf ihren Zetteln steht. Tatsächlich hat aber bei dieser Fragenkombination stets mindestens einer von den beiden mit «Karotten!» geantwortet. Wenn die Ergebnisse des ersten und zweiten Falls richtig wiedergegeben werden sollen, dann werden durch Alice und Bob auf die Fragen des dritten Falles falsche Antworten gegeben. Unser Zettelverfahren ist also nicht die richtige Erklärung für die beobachteten Korrelationen.

Wir charakterisieren das Verfahren noch einmal. Es besteht darin, dass Alice und Bob jeweils ein Objekt erhalten, auf dem eine Farbe und eine Gemüsesorte notiert ist. Welche das im Einzelnen ist, liegt bei jedem Zettel bereits fest, bevor nachgeschaut wird. Farbe und Gemüsesorte sind gewissermaßen die Eigenschaften des jeweiligen Zettels, und das Nachschauen ist das Ausmessen der Eigenschaften, das auf verschiedene Messergebnisse führen kann. Wir haben wieder eine ähnliche Situation wie bei den Handschuhpaaren von Abschnitt 2.7, nur etwas komplizierter. Unser Versuch, die registrierten Antwortkombinationen mit Hilfe von beschriebenen Zetteln zu begründen, entspricht einer lokal-realistischen Theorie (vgl. Abschn. 2.7). Das Ergebnis ist: *Wir haben uns durchgehend der Mittel der klassischen Physik bedient und sind damit gescheitert.* Aber das Zauberkunststück lässt sich experimentell realisieren. Kann der Zauberer also wirklich zaubern? Vielleicht hat er paranormale Fähigkeiten, und kann die Beschriftung eines

Zettels noch ändern, wenn dieser sich bereits in den Händen von Alice oder Bob im Nebenzimmer befindet. Im Publikum sitzt ein Physiker. Er hat eine Vermutung. Er weiß, dass es Korrelationen zwischen Messwerten geben kann, die sich im Rahmen klassischer Theorien nicht erklären lassen, wohl aber im Rahmen der Quantentheorie. Sie treten auf, wenn ein oder mehrere Quantensysteme sich gemeinsam in einem verschränkten Zustand befinden. Und genau das hat der Zauberer ausgenutzt. Wir kommen auf seinen Trick in Abschnitt 4.4 zurück.

Wir halten fest: Das Zauberkunststück ist mit verschränkten Paaren von Quantensystemen durchführbar. Andererseits misslingt die Erklärung mit Hilfe lokal-realistischer Theorien. Daher kann man die Quantentheorie nicht durch eine solche Theorie ersetzen. *Die Quantenwelt ist also nicht eigentlich eine klassische Welt, und wir haben es nur noch nicht gemerkt. An der Art der auftretenden* Korrelationen *kann man das erkennen.* Aber was ist Verschränkung?

4.2. Zwei-Photonen-Systeme und Verschränkung

«Ich würde dies nicht als einen, sondern vielmehr als den charakteristischen Zug der Quantenmechanik bezeichnen.»

Erwin Schrödinger zur Bedeutung von Verschränkung[24]

Wieder beginnen wir mit der Beschreibung eines Versuchsaufbaus. Alice hat am Ort A das nun schon häufiger von uns verwendete Messgerät aufgebaut, das aus dem polarisierenden Strahlteiler PST und den Detektoren $\tilde{D}_V$ und $\tilde{D}_H$ besteht (vgl. Abb. 4.1). Am Ort B hat Bob das gleiche Messgerät aufgebaut. Weiterhin ist eine *Zwei-Photonen-Quelle* ZPQ installiert, die einzelne Photonenpaare erzeugt und präpariert. Wenn Alice ein Photon registriert, dann registriert auch Bob je nach dem Ort seines Messgeräts etwas früher, gleichzeitig oder etwas später ein Photon. Der Ort der Quelle muss nicht in der Mitte liegen.

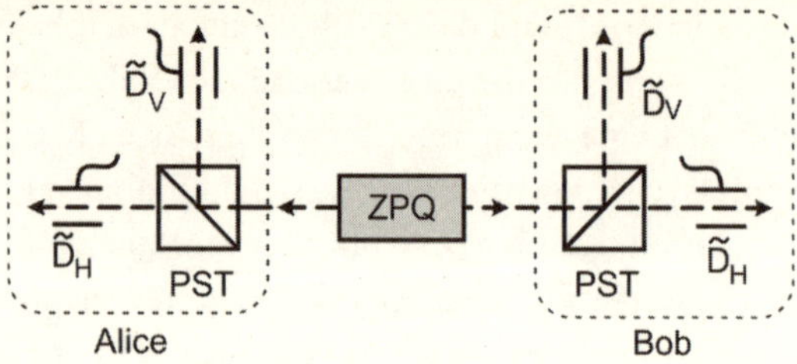

Abbildung 4.1: In einer Zwei-Photonen-Quelle ZPQ wird ein Zwei-Photonen-Zustand präpariert. Alice und Bob messen jeweils mit gleichen Messgeräten an einem Photon.

Durch die Zwei-Photonen-Quelle wird ein *Zwei-Photonen-System* präpariert. Es ist wieder ein Quantensystem. Alles, was wir in Kapitel 2 über Quantensysteme und ihre Beschreibung gelernt haben, können wir übernehmen. Das System durchläuft in der Quelle ein spezielles Präparationsverfahren, das auch in diesem Fall durch einen Quantenzustand, einen *Zwei-Photonen-Zustand*, beschrieben wird.

Wir betrachten *einzelne Photonenpaare*. Alice und Bob messen beide an dem Photon, auf das sie Zugriff haben. Für jedes Photonenpaar gehört zu einem Messwert von Alice ein Messwert von Bob. Die *Korrelationen* zwischen diesen Messwerten sind das charakteristische neue Element von Systemen, die aus Teilsystemen zusammengesetzt sind. Wir werden sehen, dass die verschiedenen möglichen Messwertekombinationen mit unterschiedlichen Wahrscheinlichkeiten auftreten. Auch diese Wahrscheinlichkeiten sind durch den Zwei-Photonen-Zustand, der wieder nur eine mathematische Größe ist, eindeutig festgelegt und lassen sich mit seiner Hilfe berechnen. *Das Zustandskonzept ändert sich also nicht.* Wir haben im vorigen Kapitel Zustände mit Hilfe von Vektoren beschrieben und zur Kennzeichnung das Symbol $|\ldots\rangle$ eingeführt. Diese Schreibweise wird naheliegender Weise auf Zwei-Photonen-Zustände übertragen.

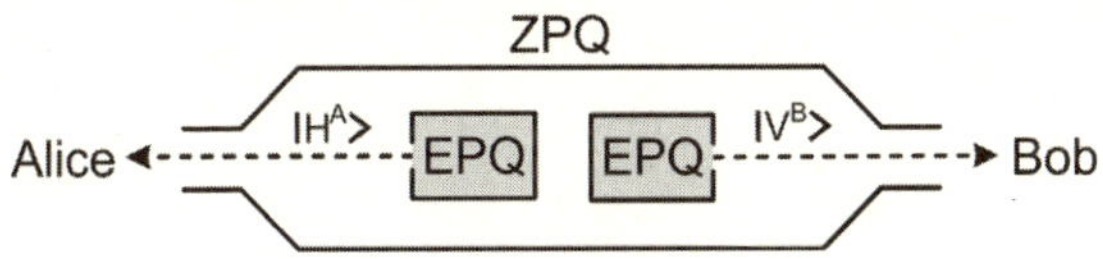

Abbildung 4.2: Zwei Ein-Photon-Quellen EPQ werden formal zu einer Zwei-Photonen-Quelle zusammengefasst. Der zugehörige Zwei-Photonen-Zustand ist ein Produktzustand.

Der einfachste Zwei-Photonen-Zustand wird auf folgende Weise präpariert: Zwei Ein-Photon-Quellen (vgl. Kap. 3) werden *rein formal* zu einer Zwei-Photonenen-Quelle zusammengefasst. (vgl. Abb. 4.2). Die eine Quelle präpariert ein Photon zum Beispiel im Zustand horizontaler Polarisation $|H^A\rangle$ und schickt es an Alice. Die zweite Quelle präpariert das Partnerphoton etwa im Zustand vertikaler Polarisation $|V^B\rangle$ und schickt es an Bob. Wir schreiben den entsprechenden Zustand $|H^A\rangle,|V^B\rangle$ oder auch $|H^A\rangle\,|V^B\rangle$. Er heißt *Produktzustand*. Der linke Eintrag gilt für das Photon, das Alice registriert, der rechte für das Photon bei Bob. Immer wenn sich eine Größe auf Alice bzw. Bob bezieht, fügen wir einen Index A bzw. B hinzu. Die beiden Photonen werden getrennt voneinander in den entsprechenden Quellen und somit *lokal* präpariert. Die einzelnen Photonen eines Paares sind völlig unabhängig voneinander. Das sind auch alle Ergebnisse von Messungen, die Alice bzw. Bob an ihnen durchführen. Sie erhalten dieselben Resultate, die sie erhalten würden, wenn es das Partnerphoton nicht gäbe.

Im nächsten Schritt betrachten wir *Gemische* aus Zwei-Photonen-Zuständen. In diesem Fall soll die Quelle ZPQ in Abbildung 4.1 aus zwei verschiedenen, voneinander unabhängigen Zwei-Photonen-Quellen bestehen (vgl. Abb. 4.3). Wir schildern einen Spezialfall. Eine dieser Quellen erzeugt einzelne Paare bestehend aus zwei horizontal polarisierten Photonen, also im Zustand $|H^A\rangle,H^B\rangle$. Die andere Quelle erzeugt zwei vertikal polarisierte Photonen. Der entsprechende Gesamtzustand ist $|V^A\rangle,V^B\rangle$. Beide

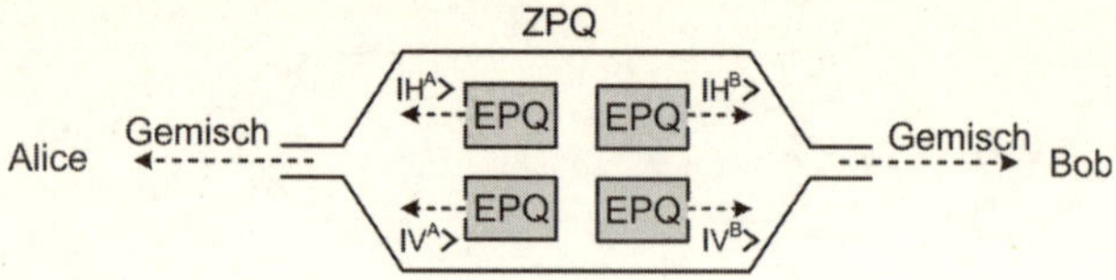

Abbildung 4.3: Entweder das obere oder das untere Paar von Ein-Photon-Quellen wird mit der Wahrscheinlichkeit ½ tätig. Sie präparieren Photonen, die beide im Zustand $|H\rangle$ bzw. beide im Zustand $|V\rangle$ sind. So wird ein spezielles Gemisch aus Zwei-Photonen-Zuständen erzeugt.

Quellen sollen zufällig, aber mit der festen relativen Häufigkeit ½ tätig werden. Dann sprechen bei Alice die Detektoren $\tilde{D}_V$ und $\tilde{D}_H$ beide mit der relativen Häufigkeit ½ an. Gleiches gilt für Bob. Weiterhin sind die Messergebnisse von Alice und Bob dabei vollständig korreliert. Wenn bei Alice $\tilde{D}_H$ anspricht, dann spricht bei Bob auch ausnahmslos $\tilde{D}_H$ an. Entsprechendes gilt für $\tilde{D}_V$. Wir schreiben die Messwertepaare in runden Klammern. Es gibt bei Verwendung dieser Messgeräte nur die Messwertekombinationen (H^A,H^B) und (V^A,V^B). Beide finden sich mit der relativen Häufigkeit ½. Das alles sind unmittelbar plausible Konsequenzen des Präparationsverfahrens. Wir haben in völliger Analogie zu unseren Handschuhpaaren von Abschnitt 2.7 eine vollständige Korrelation der Messwerte erhalten. Die Photonenpaare sind als ein Gemisch der Zustände $|H^A\rangle,H^B\rangle$ und $|V^A\rangle,V^B\rangle$ erzeugt worden. Es liegt ein Zwei-Photonen-System in einem *Entweder-oder-Zustand* vor. Entweder sind beide Photonen horizontal oder vertikal polarisiert. Für ein einzelnes Photon haben wir den Entweder-oder-Zustand in Abschnitt 3.9 besprochen.

Der wesentliche Punkt ist nun, dass sich, genauso wie bei einzelnen Photonen, auch für einzelne Photonenpaare der entsprechende *Weder-noch-Zustand* präparieren lässt, wenn man einen anderen Typ von Zwei-Photonen-Quelle verwendet. Auf die apparativen Details können wir hier nicht eingehen.[25] Mathematisch ist der dann präparierte reine Zustand $|\psi^{AB}\rangle$ die *Überlagerung* aus den Zuständen $|H^A\rangle,H^B\rangle$ und $|V^A\rangle,V^B\rangle$. Wir schreiben sie wieder wie in Gleichung (3.2) als Summe der beiden Vektoren:

$$|\psi^{AB}\rangle = |H^A\rangle,H^B\rangle + |V^A\rangle,V^B\rangle\,. \tag{4.1}$$

Ein gemeinsamer Vorfaktor $1/\sqrt{2}$ ist weggelassen. In dem entsprechenden Zustand, d. h. *nach der zugehörigen Präparation, sind die Photonenpaare im Gegensatz zum Gemisch weder beide horizontal noch beide vertikal polarisiert. Diese Eigenschaften liegen vor einer Messung nicht vor.* Ähnliches haben wir in Abschnitt 3.9 für Ein-Photon-Zustände kennengelernt. Die Präparation eines solchen Weder-noch-Zustands besteht nur aus einem einzigen und nicht aus mehreren getrennten Verfahren wie beim Gemisch. *Die Photonen eines Paares werden nicht einzeln (d.h. lokal), sondern beide zusammen in einem einzigen umfassenden Prozess (d.h. nicht-lokal) präpariert.* Solche Überlagerungszustände heißen *verschränkte Zustände.*[26] Man sagt auch, die beiden Photonen des Zwei-Photonen-Quantensystems sind verschränkt. Allgemein nennen wir Zustände, die keine Produktzustände sind, verschränkt. Wir betonen noch einmal, dass sie nicht dadurch entstehen können, dass zwei Präparierer ihr Photon präparieren und sich dabei absprechen, welchen Zustand das andere Photon haben soll. Beim Gemisch ist das noch so. Negativ lässt sich Verschränkung also durch ein Verbot charakterisieren. Wie bei den Ein-Photon-Systemen sind die verschränkten als Weder-noch-Zustände die für die Quantentheorie besonders typischen Zustände, mit denen sich völlig neue Effekte erzielen lassen. Es gibt nichts Vergleichbares in der klassischen Physik. Verschränkung ist nicht auf Photonenpolarisation beschränkt. Man kann Spins verschränken, Atome mit Photonen usw.

Zwar sind die Eigenschaften «horizontale» bzw. «vertikale Polarisation» beim Photonenpaar im verschränkten Zustand vor der

Messung nicht realisiert, trotzdem kann bei der von Alice durchgeführten Quantenmesssung z. B. ihr Detektor D_H ansprechen. Der Anteil $|H^A\rangle,H^B\rangle$ in der Überlagerung ist hierfür verantwortlich. Es lässt sich an ihm ablesen, dass dann mit Sicherheit der Detektor D_H bei Bob anspricht. Entsprechendes gilt für das Ansprechen des Detektors D_V bei Alice und dem bei Bob. Wieder sind die Messwerte bei dieser Messanordnung vollständig korreliert.

Wie lässt sich zeigen, dass es bei einem anderen Versuchsaufbau Korrelationen zwischen den Messwerten von Alice und Bob gibt, die sich mit Hilfe klassischer Objekte wie zum Beispiel Handschuhen oder Zettelpaaren nicht simulieren lassen? Um uns dem zu nähern, werden wir den Umstand ausnutzen, dass beim verschränkten Zustand die Polarisationseigenschaften vor einer Messung nicht vorliegen. Das wirkt sich dann aus, wenn Alice und Bob mit gegeneinander verdrehten Messgeräten messen. Wir beschreiben das im übernächsten Abschnitt, aber verraten hier schon, dass der Trick des Zauberers zur Erzeugung der Korrelationen darin bestand, verschränkte 2-Teile-Systeme und verdrehte Messgeräte zu verwenden. So konnte er das mit den Mitteln der klassischen Physik nicht Mögliche möglich machen. Verschränkung ist das überraschendste und folgenreichste Merkmal der Quantenphysik. Zunächst müssen wir aber davor warnen, dass man aus dem Vorliegen von Korrelationen die falschen Schlüsse zieht.

4.3. Keine spukhafte Fernwirkung

«Ich kann aber deshalb nicht ernsthaft daran glauben, weil die Theorie mit dem Grundsatz unvereinbar ist, dass die Physik eine Wirklichkeit in Zeit und Raum darstellen soll, ohne spukhafte Fernwirkung.»

Albert Einstein[27]

Tritt in der Quantentheorie wirklich spukhafte Fernwirkung auf? Für Messungen an Zwei-Photonen-Systemen gelten die Regeln für den *Messprozess*, die wir im Abschnitt 3.5 beschrieben haben. Wir wiederholen sie noch einmal kurz: Der Messapparat legt die möglichen Messwerte fest. Der Zwei-Photonen-Zustand erlaubt für alle möglichen Messungen die Berechnung der relativen Häufigkeit der entsprechenden Messwerte. Selektiert man nach der nicht zerstörenden Messung nach einem Messwert, dann hat man ein Präparationsverfahren für einen Zwei-Photonen-Zustand durchgeführt. Welcher Zustand das ist, hängt vom Messgerät und dem speziellen Messwert ab. Für Zwei-Photonen-Systeme können Messungen darin bestehen, dass nur Alice an ihrem Photon misst, dass nur Bob an seinem Photon misst oder dass in einem einzigen Messprozess am Gesamtsystem der Photonen gemessen wird. Wir diskutieren ein Beispiel.

Alice führt an ihrem Photon eine V/H-Messung durch und erhält den Messwert H (vgl. Abschn. 3.6). Dann ist dieses Photon nach der Messung horizontal polarisiert. Es hat diese wohlbestimmte Eigenschaft. Entsprechendes gilt für das Resultat V. Wenn Alice ihre Photonen nach dem Messwert H selektiert, hat sie damit ein Präparationsverfahren für den Zustand $|H^A\rangle$ durchgeführt.

Was lässt sich über den neuen Zwei-Photonen-Zustand sagen? Durch den lokalen Eingriff bei Alice ist die Verschränkung durchbrochen, denn ihr Photon hat danach die Eigenschaft horizontal polarisiert zu sein. Wenn vorher beispielsweise der reine Zustand $|\psi^{AB}\rangle$ von Gleichung (4.1) vorlag, kann es danach nicht mehr dieser Überlagerungszustand sein. Es muss der unverschränkte Zustand $|H^A\rangle, H^B\rangle$ sein. Dieser Anteil in der Überlagerung ist für das Ansprechen des Detektors $\tilde{D}_H$ verantwortlich.

Wir haben die letzten Sätze bewusst etwas zu wenig differenziert formuliert, um zu demonstrieren, dass dadurch ein Missverständnis entstehen kann. Man könnte nämlich zu folgendem Schluss kommen: Wenn der Detektor $\tilde{D}_H$ bei Alice anspricht, dann wird ihr Photon in den Zustand $|H^A\rangle$ versetzt, und gleichzeitig erhält Bobs Photon den Zustand $|H^B\rangle$. Die Formulierung suggeriert, dass Alice durch ihre Messung instantan einen Eingriff bei Bob bewirkt hat. Das wäre dann eine typische Fernwirkung, denn es ist nicht ausgeschlossen, dass Bob und sein Photon sich dabei an einem weit von Alice entfernten Ort befinden. Der Vergleich mit der in der Parapsychologie untersuchten Telekinese drängt sich auf. Daher wird oft im Anschluss an Einstein von *spukhafter Fernwirkung* gesprochen. Gibt es sie? Wenn ja, dann hätten wir ein wunderbares Verfahren gefunden, Information mit Überlichtgeschwindigkeit zu übertragen. Die Relativitätstheorie würde in diesem Erfahrungsbereich nicht mehr gelten und es würden sich dadurch ungeahnte technische Möglichkeiten eröffnen.

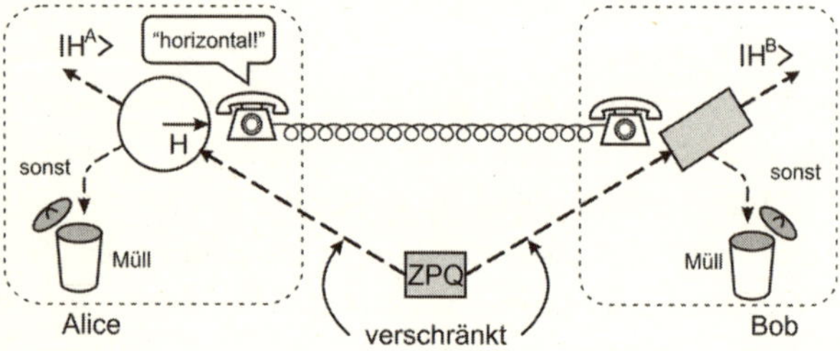

Abbildung 4.4: Die Zwei-Photonen-Quelle ZPQ erzeugt Photonen in dem verschränkten Zustand von Gleichung (4.1). Damit Photonen bei Bob im gleichen Zustand $|H\rangle$ wie Photonen bei Alice präpariert werden, ist eine durch klassische Kommunikation gesteuerte Selektion nötig. Der Kreis mit Zeiger symbolisiert das Messgerät.

Das ist (leider?) nicht so. Wir haben ungenau formuliert und bei der Interpretation nicht berücksichtigt, was unter einem Quantenzustand zu verstehen ist. Messungen mit anschließender Selektion stellen ein Präparationsverfahren dar. Die Messungen von Alice sind Messungen an einem Zwei-Photonen-System. Damit daraus ein Präparationsverfahren für Zwei-Photonen-Systeme wird, muss nicht nur bei Alice, sondern auch bei Bob selektiert werden. Es müssen Photonenpaare ausgesucht werden. Wenn nur Alice selektiert und Bob nicht, dann hat Bob viel zu viele Photonen. Es handelt sich insgesamt nicht mehr um Photonenpaare. Diese Situation lässt sich nicht durch den Zustand $|H^A\rangle,H^B\rangle$ beschreiben.

Man muss anders vorgehen, wenn man Paare im Zustand $|H^A\rangle,H^B\rangle$ erhalten will: Die verschränkten Photonenpaare werden nacheinander in der Quelle ZPQ im verschränkten Zustand $|\psi^{AB}\rangle$ erzeugt (vgl. Abb. 4.4). Die einzelnen Photonen eines Paares werden zu Alice bzw. Bob geschickt. Wenn Alice bei ihrem Photon horizontale Polarisation misst, dann behält sie dieses Photon und übermittelt Bob etwa über Telefon die Information, dass auch er sein dazugehöriges Partnerphoton behalten soll. Da horizontale Polarisation bei Alice eindeutig mit horizontaler Polarisation bei Bob korreliert ist, ist das Partnerphoton horizontal polarisiert. Erhält Bob von Alice zu einem Photon keine Nachricht, dann hat sie ihr Photon wegen vertikaler Polarisation eliminiert, und auch Bob verwendet sein Photon nicht weiter. Die nach dieser *beidseitigen Selektion* noch verbliebenen Photonenpaare befinden sich im Zustand $|H^A\rangle,H^B\rangle$. Allerdings, damit dieses Präparationsverfahren eingerichtet werden konnte, das bei Bob auf den Zustand $|H^B\rangle$ führt, musste dieser von Alice Nachrichten erhalten und ebenfalls selektieren. *Das Präparationsverfahren ist offensichtlich weder spukhaft, noch beruht es – wie der Telefonanruf zeigt – auf einer Fernwirkung*. Wie geht man vor, wenn Bob näher an der Zwei-Photonen-Quelle ist als Alice und sein Photon erhält, bevor Alice misst? Dann speichert Bob zunächst alle seine Photonen und selektiert im Anschluss an das Messergebnis erst nachdem Alice angerufen hat, oder aber Bob selektiert nach dem Messergebnis H und ruft umgekehrt Alice an.

Was passiert, wenn Alice zwar selektiert, aber sich weigert zu telefonieren? Dann kann Bob nicht selektieren. Er muss alle Photonen weiterverwenden. Bei einer Messung stellt er dann jeweils in der Hälfte der Fälle horizontale bzw. vertikale Polarisation fest.

Das gleiche Ergebnis würde er erhalten, wenn Alice gar nicht misst. *Wenn Bob nicht selektiert, ist der Quantenzustand seiner Photonen völlig unabhängig davon, ob Alice an ihren Photonen misst oder nicht. Bob kann das in keiner Weise feststellen.* Dieses beachtenswerte Ergebnis zeigt noch einmal, dass Alice durch Messen ohne zusätzliche Kommunikation bei Bob nichts bewirken kann. Insbesondere kann sie so an Bob keine Botschaft übertragen.

Wenn Alice und Bob an Zwei-Photonen-Systemen messen, die in einem verschränkten Zustand präpariert wurden, dann gibt es verschiedene Arten von Aussagen, die man unterscheiden muss. Es gibt Aussagen über *Präparationsverfahren.* Bei ihnen spielt Informationsaustausch eine Rolle. Ein Beispiel haben wir oben untersucht. Davon zu unterscheiden sind die Aussagen über *Korrelationen* zwischen Messwertepaaren: Immer wenn Alice beim verschränkten Zustand von Gleichung (4.1) bei einer V/H-Messung als Messwert «Horizontal» (bzw. «Vertikal») erhält, dann erhält Bob bei der V/H-Messung an seinem Partnerphoton – unabhängig davon, wann er sie durchführt – ebenfalls mit Sicherheit «Horizontal» (bzw. «Vertikal»). Um das zu bestätigen, müssen Alice und Bob nach vielen Messungen zusammenkommen und ihre Messwerte vergleichen. Damit führen sie zugleich die Zusammenfassung zu Paaren durch. Es lässt sich dann ablesen, welche Messwertepaare möglich sind und mit welchen Wahrscheinlichkeiten sie auftreten. Wenn beide V/H-Messungen machen, treten nur die Messwertepaare (V^A,V^B) und (H^A,H^B) mit der gleichen relativen Häufigkeit auf. Alice kann daher bei Vorliegen des speziellen verschränkten Zustands von Gleichung (4.1) aus dem Ergebnis ihrer Messung eindeutig Bobs Messergebnis vorhersagen. Das liegt aber nicht daran, dass sie durch ihre Messung auf das Photon bei Bob irgendwie eingewirkt hätte. *Es liegt keine Fernwirkung vor.* Wenn er gemeint haben sollte, dass die Standard-Quantentheorie eine spukhafte Fernwirkung behauptet – so kann man das Eingangszitat lesen –, dann irrte Einstein.

Wir erweitern unsere Überlegungen noch. Bobs Photonen sind in unserem Beispiel im Zustand $|H^B\rangle$. Macht Bob statt V/H-Messungen mit dem um α gedrehten Apparat V*/H*-Messungen, ergeben sich daher die relativen Häufigkeiten der Messwerte V* bzw. H* nach der Bornschen Regel von Abschnitt 3.5. Für $\alpha = 45°$ finden wir die Messwertepaare (H,H*), (H,V*), (V,H*) und (V,V*) jeweils mit der relativen Häufigkeit ¼.

An dieser Stelle liegt die Frage nach der *Kausalität* in der Quantentheorie nahe. Unter Kausalität (*causa* = Ursache) versteht man in der Physik üblicherweise die Verknüpfung von Ursache und Wirkung: Die Ursache ist der Grund der Wirkung. Die Ursache geht der Wirkung voraus. Sie soll sie bedingen. Wir schließen an das an, was wir gefunden haben. Die Präparation des verschränkten Zustands kann man als eine Ursache auffassen, die folgende Wirkung hat: Die relative Häufigkeit für das Eintreten von verschiedenen Messwertepaaren liegt fest. Das ist eine Kausalbeziehung. Demgegenüber kann das Eintreten eines Messwerts bei Alice nicht Ursache für das Eintreten eines Messwerts bei Bob sein. Das zeigt unsere Diskussion der Fernwirkung. Korrelationen zwischen Messergebnissen bei zusammengesetzten Systemen sind also keine Kausalbeziehungen zwischen den Messungen.

Wir fassen zusammen: *Die Korrelationen, das heißt die möglichen Messwertepaare und ihre relativen Häufigkeiten, wurden bereits durch die Art der Präparation der Photonenpaare in der Zwei-Photonen-Quelle festgelegt.* Der verschränkte Zustand beschreibt dieses Präparationsverfahren. Bei den Handschuhpaaren von Abschnitt 2.7 fand die Präparation beim Abpacken in der Fabrik statt. Auch für sie gibt es keine Fernwirkung. Allerdings sind dort die Korrelationen der Messwerte von anderer Art als die Quantenkorrelationen und führen zu anderen Ergebnissen. Das beschreiben wir im nächsten Abschnitt.

4.4. Es gibt keine lokal realistische Alternative zur Quantentheorie

Spiegel: Wird die Musik niemals nach Hause in die Tonalität zurückkehren?

Pierre Boulez: Das ist eine falsche Sehnsucht.[28]

Ist die Rückkehr zur klassischen Physik eine falsche Sehnsucht? Wir haben in den vorigen Abschnitten Effekte beschrieben, die mit Hilfe der Quantentheorie begründet werden können. Wirklichkeit besteht nicht unabhängig von der Theorie. Das haben wir in Abschnitt 2.6 betont. Mit der Quantentheorie haben wir eine Wirklichkeit verknüpft, die ganz anders ist als die Wirklichkeit, die wir von der Alltagsphysik her kennen. Wenn sich die Quantentheorie durch eine geeignet konstruierte Alternativtheorie ersetzen ließe, die völlig den Grundkonzepten der klassischen Physik entspricht, dann könnten wir die guten alten Wirklichkeitsvorstellungen der klassischen Physik auf den Anwendungsbereich ausdehnen, der bisher der Quantentheorie zugeordnet ist. Mit dieser *klassischen Alternativtheorie* fiele uns dann vielleicht auch das Verstehen leichter (vgl. Abschn. 3.11). Das wäre noch ein zusätzlicher Gewinn. Mancher möchte daher gerne – wie Albert Einstein es wollte – eine andere Theorie an die Stelle der Quantentheorie setzen, deren Wirklichkeit besser seinen aus der klassischen Physik übernommenen Vorstellungen entspricht. Aber man beachte, dass es kein Experiment gibt, durch das dieser Wunsch nahegelegt wird. Im Gegenteil, wir werden in diesem Abschnitt ein Experiment beschreiben, das sich mit keiner noch so geschickt formulierten Theorie im Rahmen der klassischen Physik erklären lässt, dessen Resultate aber mit den Prognosen der Quantentheorie völlig übereinstimmen.

Die Interpretation der klassischen Physik beruht auf dem lokalen Realismus. Wir haben ihn in Abschnitt 2.7 am Beispiel der schon mehrfach erwähnten Handschuhpaare veranschaulicht. Die quantentheoretische Begründung soll der klassischen Begründung gegenübergestellt werden. Dafür ist es sinnvoll, ein Experiment zu wählen, bei dem Elemente der Quantentheorie ins Spiel kommen, die besonders unklassisch sind. Das sind zum einen die verschränkten Zustände. Zum anderen ist es die Möglichkeit, zu gegebener Präparation mit verdrehten Messgeräten zu messen. Von diesem Trick haben wir auch in Abschnitt 3.9 im Zusammenhang mit einer anderen Fragestellung Gebrauch gemacht. Wir verwenden die bereits beschriebenen Geräte für polarisiertes Licht, aber verknüpfen mit ihnen nicht von vornherein quantentheoretische Vorstellungen. Gibt es eine lokal-realistische Erklärung für das, was wir bei verschränkten Photonenpaaren beobachten? Wir müssen in diesem Buch die ausführliche Argumentation, die auf die Antwort führt, vereinfachen. Wie beim Zauberer in Abschnitt 4.1 können wir das Vorgehen nur grob skizzieren und die Ergebnisse von Rechnungen nur behaupten. Es geht hier nur darum, die Struktur der Argumentation zu erkennen.[29]

Zunächst beschreiben wir, was die Experimentatoren Alice und Bob tun. Die zugehörige theoretische Analyse übersteigt den Rahmen dieses Buches. Die beiden verwenden die in Abbildung 4.1 skizzierte Anlage und benutzen eine Quelle ZPQ, die aus quantentheoretischer Sicht ein verschränktes Photonenpaar erzeugt. In der Sprache der Quantentheorie befinden sich die Photonen in der Überlagerung $|\psi^{AB}\rangle$ von Gleichung (4.1). Alice und Bob führen wieder Polarisationsmessungen durch. Aber jetzt misst Bob mit einem, verglichen mit Abbildung 4.1, verdrehten Messgerät (vgl. Abb. 3.4). Ein Winkel β ist vorgegeben. Bob verdreht das Gerät manchmal um den Winkel β, in anderen Durchgängen um $3\,\beta$. Warum er so vorgeht, erklären wir später. Bob notiert bei jedem Objektpaar, ob bei ihm der verdrehte horizontale Detektor D_H anspricht oder aber der verdrehte vertikale Detektor D_V. Alice notiert ebenfalls ihre Messwerte. Ihr Detektor wird nicht verdreht. Nach vielen Messungen kommen beide zusammen und tragen ihre Ergebnisse zu Paaren zusammengefasst in eine Liste ein.

Es wird sich als besonders geschickt erweisen, anschließend die Messwertepaare mit Blick auf Korrelationen in folgender Weise auszuwerten: Zum Verdrehwinkel β bestimmt man die relative Häufigkeit, mit der bei Alice und Bob die Detektoren zu gleicher Polarisation angesprochen haben. Dabei sollen «Vertikal» bei Alice und «Verdreht vertikal» bei Bob als gleiche Polarisation gelten, ebenso «Horizontal» bei Alice und «Verdreht horizontal» bei Bob. Davon ziehen wir die relative Häufigkeit ab, mit der unterschiedliche Polarisationen gemessen wurden. Das Ergebnis wird $E(\beta)$ genannt. Die gleiche Auswertung führt man für die Messwertepaare zum Verdrehwinkel 3β durch und erhält so das Ergebnis $E(3\beta)$. Anschließend bestimmt man die kombinierte Größe $S(\beta) = |3E(\beta) - E(3\beta)|$. Bisher haben wir nur das Experiment und die Auswertung korrelierter Messergebnisse beschrieben. Wir verraten noch nicht das experimentelle Ergebnis S^{Exp}.

Wir skizzieren die theoretische Behandlung.[30] Zunächst rechnen wir das Experiment in der Quantentheorie durch und ermitteln deren Prognose für S. Wir können die Rechnung hier nicht vorführen. Die relativen Häufigkeiten der Messwerte lassen sich mit den Regeln für die Messungen an Überlagerungen bestimmen. Die quantentheoretische Prognose ergibt für S ebenfalls eine Funktion von β. Ihr maximaler Wert ist

$$S^{QT} = 2\sqrt{2} = 2{,}83. \tag{4.2}$$

Er wird für den Drehwinkel $\beta = 22{,}5°$ erreicht.

Nun müssen wir bestimmen, welchen Wert S demgegenüber in lokal-realistischen Theorien annimmt. Bei diesen Theorien liegt für jedes Objektpaar bereits beim Verlassen der Quelle, also noch vor der Messung durch Alice bzw. Bob, fest, was beide jeweils messen werden. Die Objekte haben nur klassische Eigenschaften.

Wir formulieren das in einer Theorie mit verborgenen Parametern. Dies ist die Grundidee: Wir haben nur deshalb Effekte mit Hilfe der Quantentheorie begründen müssen, weil wir bei der Beschreibung von Systemen bestimmte klassische Parameter nicht berücksichtigt haben. Alle Systeme sind also ganz und gar im Rahmen der klassischen Mechanik beschreibbar, sie besitzen allerdings Eigenschaften, die sich bisher unserer direkten Beobachtung entzogen haben. Diese *verborgenen Parameter* beschreiben etwas Reales, das beim Einzelsystem schon vor der Messung vorliegt und den Ausgang der Messung an ihm mitbestimmt. Führt man die (bisher) verborgenen Parameter explizit in die theoretische Beschreibung ein, so wird dadurch eine vollständige klassische Beschreibung möglich, in der alle Systeme und Objekte zu jeder Zeit alle ihre Eigenschaften in eindeutiger Weise besitzen. Das spiegelt die Einstein-Realität von Abschnitt 2.7 wider.

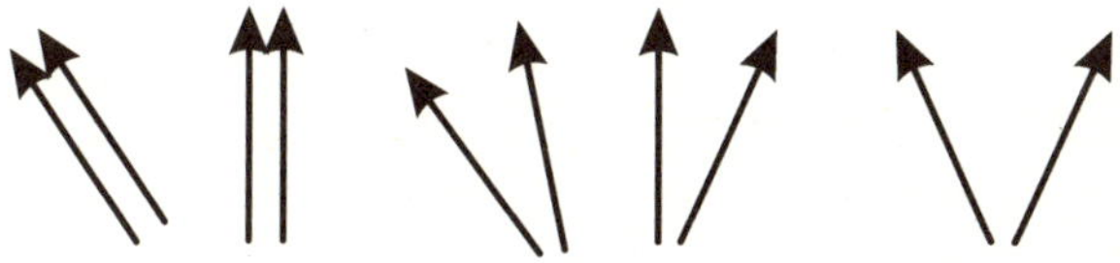

Abbildung 4.5: Eine naive Vorstellung von verborgenen Parametern für die Photonenpolarisation.

Im Fall der Polarisation wäre ein sehr simples Modell mit verborgenen Parametern das Folgende: Die Objekte sind linear polarisiert. Die Polarisation ist bei Verlassen der Quelle für jedes der Objekte eines Paares eindeutig festgelegt. Die Polarisationsrichtungen lassen sich wie in Abbildung 4.5 durch kleine Pfeile darstellen. Ein Pfeil fliegt mit dem dazugehörigen Objekt zu Alice, der andere zu Bob. Ein Objekt «passt» nur dann durch den jeweiligen Analysator, wenn dessen Richtung mit der Polarisationsrichtung des auftreffenden Objekts übereinstimmt. Nur in diesem Fall spricht der entsprechende Detektor dahinter an. Stark vereinfacht ließe sich die Polarisation gewissermaßen durch einen kleinen Stab und der Analysator durch einen kleinen Schlitz repräsentieren. Um nun die ganze Vielfalt der möglichen Paare von Messwerten wiederzugeben, müssen wir darüber hinaus annehmen, dass die Quelle verschiedene Sorten von Objektpaaren emittiert. Da gibt es einmal Paare mit paralleler Anordnung der Pfeile, die aber noch verschiedene Orientierungen im Raum aufweisen können. Darüber hinaus muss es aber auch Paare geben, bei denen die Pfeile in einem Winkel zueinander stehen. In Abbildung 4.5 sind einige solcher Paare dargestellt. Die Orientierungen und die Winkel sind die verborgenen Eigenschaften. Die Quelle emittiert verschiedene Sorten von Pfeilpaaren. Durch die verschiedenen Werte eines verborgenen Parameters werden die unterschiedlichen Sorten charakterisiert. Sie werden von der Quelle mit verschiedenen relativen Häufigkeiten produziert. Auch so ergeben sich Korrelationen zwischen den Messwerten bei Alice und Bob für die verschiedenen Drehwinkel β.

Um Missverständnissen vorzubeugen: Es geht nicht darum, dieses ganz spezielle Modell mit verborgenen Parametern zu widerlegen. Es gibt viele physikalische Gründe dafür, warum das beschriebene Modell zu naiv ist. Auf Grund einer ganz allgemeinen Überlegung ist es vielmehr möglich, gleich die gesamte Klasse aller denkbaren lokalen klassischen Theorien mit verborgenen Parametern zu widerlegen. Unter *lokal* wird dabei wieder verstanden, dass in diesen Theorien das einzelne Objekt nur bei Auftreffen mit dem jeweiligen Messapparat wechselwirkt. Die Objekte sollen nicht noch einmal untereinander wechselwirken können (Einstein-Lokalität), etwa derart, dass ein Teilchen im Augenblick seiner Messung dem anderen Teilchen noch «mitteilen» kann, welcher Messwert soeben an ihm registriert wird. Das in Abbildung 4.5 skizzierte naive Modell gibt das wieder. Ob bei einem einzelnen Objektpaar das eine Objekt durch den Schlitz des Analysators bei Alice «passt», ist unabhängig davon, was der Analysator bei

Bob am zweiten Objekt als Pfeilrichtung feststellt und umgekehrt.

Wir kommen zur Berechnung unseres experimentellen Ergebnisses, das darin besteht, dass die unterschiedlichen Messwertepaare mit bestimmten relativen Häufigkeiten auftreten. Wir können auch hier nicht ins Detail gehen. Der verborgene Parameter legt über geeignete Funktionen fest, was Alice und Bob bei einer Verdrehung ihrer Messgeräte um den Winkel β messen müssten. Diese Funktionen hängen vom benutzten Modell ab. Die große Leistung, die auf John S. Bell (1928–1990) zurückgeht, bestand nun darin zu zeigen, *dass die oben eingeführte Größe S(β) für alle denkbaren Funktionen und daher für alle (!) lokal-realistischen Modelle mit verborgenen Parametern nicht größer als 2 sein kann:*

$$S^{VP} \leq 2. \qquad \textbf{(4.3)}$$

Der Index VP weist auf verborgene Parameter hin. In der Größe S(ß), die wir oben eingeführt haben, werden die Messergebnisse gerade so geschickt zusammengefasst, dass man Gleichung (4.3) beweisen kann. Sie ist eine der *Bellschen Ungleichungen*. Es gibt neben der von John S. Bell[31] ursprünglich abgeleiteten Ungleichung weitere Ungleichungen für Theorien mit verborgenen Parametern, die alle Bellsche Ungleichung genannt werden. Um genau zu sein, wir haben mit Gleichung (4.3) die der Autoren John F. Clauser, Michael A. Horne, Abner Shimony und Richard Holt beschrieben.[32] Die Bellsche Ungleichung ist keine Ungleichung der Quantentheorie. *Sie wurde vielmehr ganz im Rahmen der klassischen Physik abgeleitet.*

Die beiden theoretisch gewonnenen Ergebnisse für S von Gleichung (4.2) und (4.3) widersprechen einander. Wir haben daher ein *experimentum crucis* gefunden, das über die Anwendungsbereiche von klassischer Physik und Quantenphysik entscheiden kann. Wir müssen es nur noch mit dem experimentellen Ergebnis, das von

Alain Aspect (geb. 1947) und Mitarbeitern gewonnen wurde, vergleichen.[33] Es lautet bis auf einen kleinen Fehler $S^{Exp}= 2{,}7$. Das ist deutlich größer als 2. Infolgedessen gehört das Experiment nicht zum Anwendungsbereich einer wie auch immer formulierten lokal-realistischen Theorie, wohl aber zum Anwendungsbereich der Quantentheorie. Die Schlussfolgerung ist zwingend. Sie ist eine weitere *Unmöglichkeitsaussage*: *Es gibt im Quantenbereich keine lokal-realistische Alternative zur Quantentheorie.* Eine nicht-lokale realistische Alternative ist die *Bohmsche Theorie*.[34]

Auf diese fundamentale Schlussfolgerung hat auch bereits das Zauberkunststück von Abschnitt 4.1 geführt. Der Zauberer verwendet Photonenpaare in einem verschränkten Zustand.[35] Ein Photon erhält Bob, das andere Alice. Jeder hat ein Messgerät. Man kann mit ihm die vertikale $|V\rangle$ und horizontale Polarisation $|H\rangle$ ausmessen. Die V/H-Messung wird ausgeführt, wenn die Frage «Gemüse?» gestellt wird. Die Antwort lautet je nach Messergebnis «Erbsen!» oder «Karotten!». Das ist in Abbildung 4.6 eingetragen. Darüber hinaus können Alice und Bob an ihrem Photon auch verdreht messen (vgl. Abb. 3.5). Der Winkel β muss geschickt gewählt werden. Diese V^*/H^*-Messung wird gemacht, wenn «Farbe?» gefragt wird. Wie in Abbildung 4.6 dargestellt, wird mit «Rot!» oder «Grün!» geantwortet. Wenn man nun noch den verschränkten Photonenzustand passend wählt, es ist nicht der Zustand $|\psi^{AB}\rangle$ von Gleichung (4.1), dann ergeben sich relative Häufigkeiten für die Messwertepaare, die sich mit einer lokal-realistischen Realisierung über Zettelpaare nicht reproduzieren lassen. Die Quantenkorrelationen unterscheiden sich von den klassischen Korrelationen. Das wurde beim Zauberkunststück ausgenutzt. Quantenkorrelationen werden nach Albert Einstein, Boris Podolsky und Nathan Rosen (vgl. Abschn. 2.7) auch *EPR-Korrelationen* genannt.

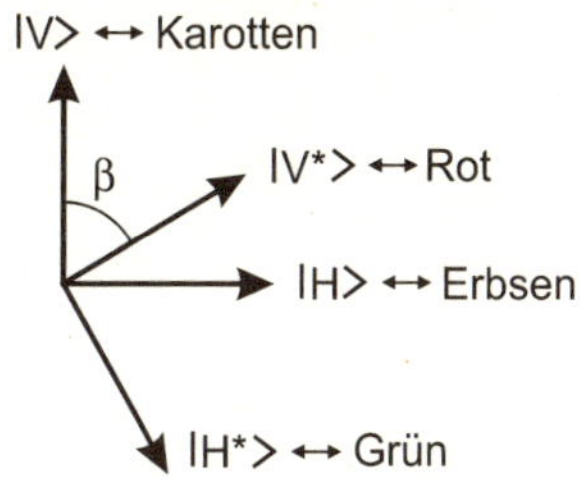

Abbildung 4.6: Die Orientierung der Messgeräte beim Zauberkunststück von Abschn. 4.1.

Mit der Diskussion über verborgene Parameter hat Einsteins in Abschnitt 3.2 zitierte Aussage, wonach Gott nicht würfelt, eine neue Interpretation bekommen, die Einstein allerdings so nicht gemeint haben dürfte. Beim Würfeln wird der Würfel am Anfang in einen klassisch beschreibbaren Zustand versetzt, den wir nicht kennen und der dazu führt, dass eine bestimmte Zahl gewürfelt wird. Das zu erwartende Ergebnis steht, wie es dem lokalen Realismus der klassischen Physik entspricht, schon während des Wurfes fest. Wir können im Prinzip die Anfangszustände durchparametrisieren und eine Wahrscheinlichkeitsverteilung für die Parameter wählen. Die Beschreibung muss so sein, dass sich die beim Würfeln beobachteten relativen Häufigkeiten ergeben. Wir haben dann eine Theorie mit verborgenen Parametern (in diesem Fall die Anfangsbedingungen) für das Würfeln entwickelt. Wie wir gesehen haben, sind die Messergebnisse im Quantenbereich gerade nicht in dieser Weise beschreibbar. Die Wahrscheinlichkeitsaussagen der Standard-Quantentheorie sind in einem anderen Sinn zu verstehen. Sie sind irreduzibel und beziehen sich nicht auf ein unvollständiges Wissen über uns verborgen gebliebene Parameter wie beim Würfeln. *Nach Aussage der Quantentheorie geben die Wahrscheinlichkeitsaussagen vielmehr das maximale Wissen wieder, das wir in einer quantentheoretisch beschriebenen Situation haben können.* Es gibt kein deterministisches Geschehen im Hintergrund, über das wir nur nicht informiert oder nur schlecht informiert sind. *Jedenfalls nach der Standard-Quantentheorie würfelt Gott also tatsächlich nicht*. Die Wahrscheinlichkeitsaussagen lassen sich nicht auf fundamentalere lokal-realistische Gesetze zurückführen.

4.5. Nicht-Lokalität: Das Ganze ist mehr als die Summe seiner Teile*

«Die Aufgabe voneinander trennbarer Elemente der Realität bedeutet eine Ablehnung eines der wichtigsten Grundsätze der Naturphilosophie mit bedeutenden Folgerungen für das gesamte Weltbild.»
Franco Selleri[36]

Um ein Missverständnis zu vermeiden, erinnern wir zunächst an Abschnitt 3.9. Dort haben wir gesehen, dass der Zustand des Photons nach dem polarisierenden Strahlteiler eine Überlagerung ist. Wir haben zur Verdeutlichung die Bezeichnung Weder-noch-Zustand eingeführt. Weder kann man sagen, dass sich das Photon in dem einen Strahlengang befindet, noch kann man sagen, dass es sich in dem anderen befindet. Die Eigenschaft, sich in einem Strahlengang zu befinden, hat es nicht. Das Photon ist in diesem Zustand *nicht lokalisiert*. Solche Zustände sind bereits für einzelne Photonen möglich. Was wir hier noch einmal unter Einbeziehung der verschiedenen Aspekten besonders herausstellen wollen, betrifft etwas Anderes. Es geht um diejenige *Nicht-Lokalität*, die als zentrales Charakteristikum die Quantenphysik der Systeme bestimmt, welche aus mehreren Teilsystemen bestehen, beispielsweise aus zwei Photonen. Diese Nicht-Lokalität ist nicht nur ein weiteres nicht-klassisches Element der Quantentheorie, sondern auch ein mächtiges Hilfsmittel mit großem Potential, das eine Fülle von Anwendungen hat. Sie reichen von Grundlagenproblemen, wie wir sie im vorigen Abschnitt diskutiert haben, bis zur Quan-

* Abschnitte mit einem Stern können bei der ersten Lektüre des Buches überschlagen werden.

ten-Kryptographie und Quanten-Informationsverarbeitung beispielsweise in Quanten-Computern. Leider sind bei der Bezeichnung Nicht-Lokalität wiederum Missverständnisse möglich. Ausgehend von der in Abschnitt 2.7 beschriebenen Einstein-Lokalität könnte man unter Nicht-Lokalität verstehen, dass sich Wechselwirkungen zwischen Teilsystemen mit Überlichtgeschwindigkeit ausbreiten. Solche Aussagen aus der Relativitätstheorie sind hier nicht gemeint. Zur Verdeutlichung spricht man daher statt von Nicht-Lokalität auch von *Nicht-Separabiltät* und will damit auf Untrennbarkeit hinweisen. Was ist darunter zu verstehen?

Wir beschränken uns wieder auf Zwei-Teile-Systeme. Ein *Teilsystem* ist ein Teil des Gesamtsystems, auf den man getrennt Zugriff hat, beispielsweise ein Photon eines Photonenpaares oder ein anderes Quantenobjekt. Um von den Handlungen her besonders deutlich zu machen, dass beim Zwei-Teile-System zwei getrennt durchführbare Eingriffe möglich sind, führt man etwa Alice und Bob ein, die unabhängig voneinander jeweils an einem Teilsystem tätig werden können. Sie führen *lokale Operationen* durch. Hierdurch wird das Gesamtsystem in Teilsysteme zerlegt, zum Beispiel führen Alice und Bob beide eine Polarisationsmessung durch. *Der Zugriff definiert das Teilsystem.* Das Wort *lokal* bezieht sich auf das Teilsystem und nicht auf eine räumliche Trennung der Teilsysteme. Von Alice und Bob wird allerdings zur Verdeutlichung oft angenommen, dass sie räumlich getrennt agieren, weil dann manche Effekte besonders drastisch hervortreten.

Die fundamentalen Operationen der Quantenphysik haben wir bereits in Kapitel 3 kennengelernt (vgl. Abb. 3.10). Es sind Präparationen, Transformationen und Messungen. Schon in der klassischen Physik haben wir am Beispiel der Handschuhe gesehen, dass es zur Ermittlung von Korrelationen nicht ausreicht, lediglich an jedem Handschuh, also lokal, festzustellen, ob es sich um einen rechten oder einen linken handelt. Man muss diese Messwerte auch zusammenführen und zu Paaren zusammenfassen. Erst dann stellt man fest, dass zu einem rechten Handschuh immer ein linker Handschuh gehört. Zum Nachweis von Korrelationen benötigt man Informationsaustausch, also Kommunikation. Wir ergänzen daher unsere lokalen Eingriffe noch um klassische Kommunikation, die zum Beispiel im Telefonieren bestehen kann. Das alles zusammengefasst bezeichnen wir als LOCC. Das ist die Abkürzung für *local operations and classical communication.* Unter *nicht-lokalen Eingriffen* verstehen wir Eingriffe, die *nicht* auf LOCC beruhen. Wieder stehen uns hierfür die drei oben besprochenen Typen zur Verfügung. Für Einzelheiten muss auf die angegebene weiterführende Literatur verwiesen werden.

Nicht-lokale Präparationen führen auf nicht-lokale Quantenzustände. Das sind genau jene *verschränkten* oder *nicht-separablen Zustände*, die wir schon behandelt haben. Photonenpaare in solchen Zuständen repräsentieren Nicht-Lokalität. Die Quantenkorrelationen zwischen Messwerten, die sich nach dieser Präparation bei Messungen an den Teilsystemen ergeben, beruhen nicht auf Wechselwirkungen zwischen den Teilsystemen. Ein Beispiel für eine nicht-lokale Präparation ist die Erzeugung von sogenannten Kaskadenphotonen. Die einzelnen Photonen eines verschränkten Photonenpaares entstehen nicht bei Übergängen in verschiedenen Atomen, sondern stammen aus nicht weiter zerlegbaren Zwei-Photonen-Übergängen in einem einzigen Atom.

Nicht-lokale Transformationen des Zustands können sich beispielsweise durch spezielle Wechselwirkung der Teilsysteme miteinander ergeben. Streuung ist ein Beispiel. So können nicht-verschränkte Teilsysteme, die zunächst durch LOCC präpariert wurden, anschließend verschränkt werden.

Schließlich gibt es noch *nicht-lokale Messungen*. Es lassen sich Messungen am Gesamtsystem realisieren, die nicht aus lokalen Messungen und klassischer Kommunikation bestehen. Für Photonen bedeutet dies, dass beide Photonen zusammen in einem unteilbaren Gesamtmessprozess erfasst werden. Solche Messungen beziehen sich auf *nicht-lokale das heißt globale Quanteneigenschaften* des Gesamtsystems. Wir besprechen im nächsten Abschnitt ein Beispiel. Wir haben schon gesehen, dass selektive Messungen präparieren. Das gilt auch für selektive nicht-lokale Messungen. Sie präparieren nicht-separable, das heißt verschränkte Zustände. Ein Beispiel geben wir im nächsten Abschnitt.

Wie wir gesehen haben, kann bei zusammengesetzten Systemen, verglichen mit Einzelsystemen, als ein wesentliches neues Charakteristikum der Quantenphysik Nicht-Lokalität auftreten. Nicht-Lokalität manifestiert sich aber nicht nur in verschränkten Zuständen. Auch Eingriffe können nicht-lokal sein.

Es ist in diesem Zusammenhang noch festzuhalten, dass die Quantenphysik vollständig neue Aspekte des Satzes vom Ganzen und seinen Teilen erschließt. Da das Konzept der Eigenschaften in der Quantenphysik eine untergeordnete Rolle spielt, geht es nicht mehr wie bei klassischen Systemen in erster Linie um den Vergleich der Eigenschaften des Ganzen mit den Eigenschaften seiner Teile. Auch zusammengesetzte Quantensysteme sind ein Stoff fast ohne Eigenschaften. Das neue Konzept, durch das die *quantenphysikalische Ganzheitlichkeit* in ihren verschiedenen Aspekten charakterisiert wird, ist die Nicht-Lokalität, das heißt die Nicht-Separabilität. Sie äußert sich in nicht-separablen Zuständen, die durch nicht-separable Präparationsverfahren und Eingriffe erzeugt und manipuliert werden. Hinzu kommt, dass zu einem gegebenen Gesamtsystem erst der Eingriff das Teilsystem bestimmt. Die allgemein übliche Bezeichnung «zusammengesetztes Quantensystem» könnte daher missverstanden werden, denn sie geht von den Teilen aus. Primär ist vielmehr das Gesamtsystem. Beispielsweise lässt sich ein Viele-Photonen-System in einem verschränkten Zustand erzeugen. Für dieses System sind viele verschiedene Zerlegungen in zwei Teilsysteme möglich. *Was ein «Teil» ist, liegt im Allgemeinen vor dem speziellen zerlegenden Eingriff am «Ganzen» nicht fest.* Solange das Gesamtsystem verschränkt ist, sind die möglichen Teilsysteme nicht aktualisiert.

4.6. Quanten-Teleportation oder Die Macht der Nicht-Lokalität*

Wir beschreiben zunächst eine Situation, die ganz aus dem Anwendungsbereich der klassischen Physik stammt. Alice und Bob befinden sich an verschiedenen Orten. Alice hat eine Holzplastik geschaffen. Bob hat die Aufgabe, eine möglichst genaue Kopie der Plastik herzustellen. Alice möchte die Originalplastik aber nicht verschicken. Was können beide tun? Zunächst besorgt sich Bob eine Fräsmaschine, die sehr viele Einstellmöglichkeiten hat, genau genommen braucht er unendlich viele. Mit ihr lässt sich aus einem passend großen Holzklotz jede gewünschte Plastik herausfräsen. Jetzt muss Alice ihre Plastik vermessen. Wenn Kopie und Original völlig ununterscheidbar sein sollen, wird sie das mit sehr vielen, im Prinzip unendlich vielen Messpunkten tun. Die so gewonnene Information muss sie an Bob zum Beispiel telefonisch übermitteln. Dazu braucht sie sehr viel Zeit. Bob kann seine Fräsmaschine dann für jeden Messpunkt immer wieder neu einstellen und so schließlich die Kopie herstellen. Die Originalplastik ist bei Alice aus einem Holzblock als Ergebnis eines Präparationsverfahrens entstanden. Dasselbe Präparationsverfahren bei Bob zu installieren wird umso aufwendiger, je genauer die Kopie sein soll. In jedem Fall muss man zunächst die Originalplastik vermessen, also ihren Zustand ermitteln.

Überraschenderweise ist für reine Quantenzustände die analoge Aufgabe vergleichsweise sehr einfach zu bewältigen. Es ist noch nicht einmal notwendig, dafür den Zustand (also das Präparationsverfahren) bei Alice zu ermitteln. Weiterhin müssen nur sehr wenige Informationen von Alice an Bob übertragen werden, um

* Abschnitte mit einem Stern können bei der ersten Lektüre des Buches überschlagen werden.

ein Quantensystem bei Bob in demselben Zustand zu präparieren. Das Verfahren, mit dem das gelingt, ist die *Quanten-Teleportation*. Sie wurde 1993 von Charles Bennett in Zusammenarbeit mit fünf Kollegen vorgeschlagen.[37] Die entsprechende Prozedur ist universell. Sie lässt sich für alle reinen Quantenzustände in gleicher Weise durchführen. Erreichen lässt sich das alles, wenn man in zweifacher Weise Nicht-Lokalität als Hilfsmittel ausnutzt.

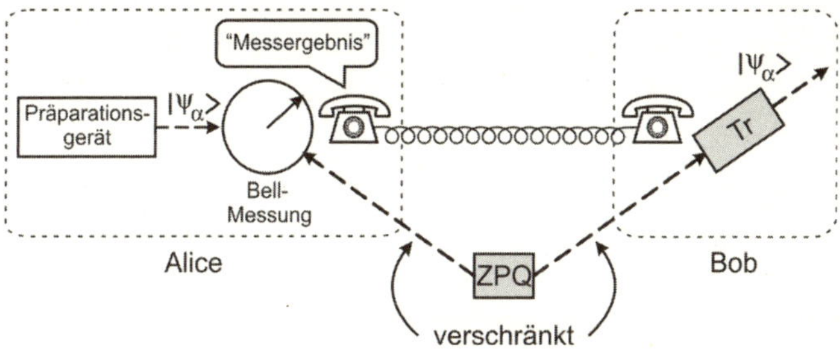

Abbildung 4.7: Quanten-Teleportation. Im Text wird der Fall einer speziellen Bell-Messung und einer speziellen Zustandstransformation Tr beschrieben.

Wir behandeln wieder die Polarisationszustände von Photonen. Bei Alice steht ein Präparationsgerät, das Photonen in einem Zustand $|\psi_\alpha\rangle$ präpariert. Alice kennt das Präparationsgerät nicht und infolgedessen den Zustand $|\psi_\alpha\rangle$ ebenfalls nicht. Sie ermittelt den Zustand auch nicht. Bob wird nur eine einzige Anweisung von Alice erhalten, wie er an seinem Ort ein Präparationsverfahren für einzelne Photonen mit gleichem Resultat, also gleichem Zustandsvektor $|\psi_\alpha\rangle$ durchführen kann. Auch er wird dabei den Zustand $|\psi_\alpha\rangle$ nicht kennenlernen. Wir können in diesem Buch die Quanten-Teleportation nicht ganz allgemein für beliebige Zustände $|\psi_\alpha\rangle$ darstellen. Wir beschränken uns auf den Spezialfall der Teleportation der Zustände $|H\rangle$ und $|V\rangle$.

Alice und Bob verwenden verschränkte Photonenpaare im Zustand $|\psi^{AB}\rangle$ von Gleichung (4.1). Ein Photon eines Paares befindet sich bei Alice, das andere bei Bob (vgl. Abb. 4.7). Zu jedem Photon, das das Präparationsgerät bei Alice verlässt, steht ein verschränktes Paar zur Verfügung, das aus der Quelle ZPQ stammt.

Wir benötigen zusätzlich einen neuen Typ von Messgerät, den wir bislang noch nicht verwendet haben. Wir haben ihn bereits kurz im vorigen Abschnitt erwähnt. Ein solches Gerät misst an zwei herausgegriffenen Photonen, aber nicht, indem es zum Beispiel die Polarisationsrichtungen der einzelnen Photonen getrennt vermisst. Das wäre auch durch zwei lokale Messungen mit jeweils einem Messgerät möglich. Vielmehr führt das neue Messgerät in einem einzigen Messakt eine Messung an beiden Photonen zugleich durch. Wir beschreiben auch solche Messungen wieder durch Angabe der möglichen Messwerte und der Zustände, in die die Messung je nach Messwert überführt. Zwei Messwerte sind möglich. Wir bezeichnen sie mit p und np. Sie sind mit nicht-lokalen Eigenschaften des vermessenen Photonenpaares verknüpft. Wenn der Messwert p angezeigt wird, werden die beiden Photonen in Zustände mit parallelen Polarisationsrichtungen überführt (d.h. in $|H\rangle\,|H\rangle$ oder $|V\rangle\,|V\rangle$). Wenn np angezeigt wird, sind die Polarisationsrichtungen nicht parallel (also $|V\rangle$ und $|H\rangle$). Es wird daher durch die Messung je nach Messergebnis eine *nicht-lokale, das heißt globale Eigenschaft* («zueinander parallel» bzw. «aufeinander senkrecht») des resultierenden Zwei-Photonen-Zustands festgelegt. Solche Messungen, die in einem Messakt an beiden Photonen messen und durch die selektive Messung Korrelationen zwischen den Photonen festlegen, sind *nicht-lokale Messungen*. Es würde zu weit gehen, hier den Aufbau der zugehörigen Messgeräte zu beschreiben.

Wir kehren zu unserem Versuchsaufbau zurück. Nehmen wir beispielsweise an, das Präparationsgerät für $|\psi_\alpha\rangle$ bei Alice präpariert ein Photon im Zustand horizontaler Polarisation. Alice kennt den Zustand nicht. Wir bezeichnen dieses Photon als das dritte Photon und kennzeichnen den Zustand mit dem Index

D. Dann haben wir insgesamt einen Drei-Photonen-Zustand. Er hat die Form $|H^D\rangle\,|\psi_\alpha\rangle$. Wir setzen $|\psi_\alpha\rangle$ von Gleichung (4.1) ein und multiplizieren aus. Das Ergebnis ist eine Summe. Dieser Überlagerungszustand ist auf der linken Seite von Abbildung 4.8 ausgeschrieben worden. Alice nimmt dieses Photon und ihr Photon aus dem verschränkten Paar (es hat den Index A) und führt an beiden zusammen die nicht-lokale Messung durch. Wenn sich der Messwert p ergibt, dann muss nach der Messung die Polarisation des Photons aus dem verschränkten Paar auch horizontal sein. Der Photonenzustand ist $|H^A\rangle$. Dazu gehört bei Bob wegen der vollständigen Korrelation zwischen den verschränkten Photonen ebenfalls ein horizontal polarisiertes Photon. Sein Zustand ist $|H^B\rangle$. Die nicht-lokale Messung hat insgesamt in den Zustand $|H^D\rangle|H^A\rangle|H^B\rangle$ überführt. (Vgl. Abb. 4.8). Alice teilt Bob ihr Messergebnis mit. Wenn der Messwert p ist, lässt Bob sein Photon unverändert.

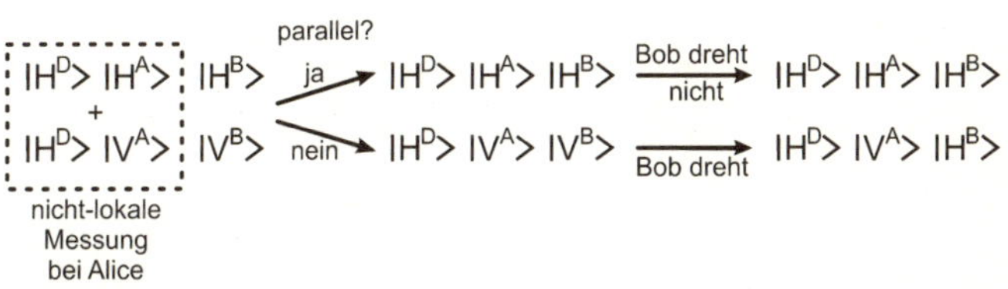

Abbildung 4.8: Schema der Quanten-Teleportation in einem Spezialfall.

Der Messwert kann aber auch np sein. Dann ist das Photon aus dem Paar, das sich bei Alice befindet, offenbar vertikal polarisiert und infolgedessen auch dasjenige bei Bob. In diesem Fall teilt Alice Bob den Messwert np mit. Dieser setzt bei dieser Nachricht einen Polarisationsdreher PD_α ein und dreht damit den Zustand seines Photons um 90° von $|V^B\rangle$ nach $|H^B\rangle$. Wieder ist erreicht, dass durch die Aktionen bei Bob stets der Zustand horizontaler Polarisation $|H^B\rangle$ präpariert wird, der mit dem Anfangszustand des dritten Photons übereinstimmt.

Wir diskutieren ein zweites Beispiel. Bei Alice steht ein Präparationsgerät, das das dritte Photon im vertikalen Zustand $|V^D\rangle$ präpariert. Sie misst wieder an ihren beiden Photonen mit demselben Gerät für nicht-lokale Messungen. Wenn man dem oben beschriebenen Schema im Einzelnen folgt und die Abbildung 4.8 der neuen Situation anpasst, also $|H^D\rangle$ durch $|V^D\rangle$ ersetzt, kann man leicht bestätigen, dass beim Messergebnis p das Photon bei Bob wie gewünscht im Zustand $|V^B\rangle$ präpariert wird. Wieder unternimmt Bob bei der Information p nichts. Wenn Bob das Messergebnis np mitgeteilt bekommt, wendet er wie oben den Polarisationsdreher an, der um 90° dreht, und bewirkt auf diese Weise eine vertikale Polarisation, wie sie beim dritten Photon vorgelegen hat. Auch bei dem im Zustand $|V^D\rangle$ statt $|H^D\rangle$ präparierten dritten Photon reagiert Bob auf die Nachricht, die er bekommt, auf die gleiche Weise. Das Ergebnis ist, dass das Photon bei Bob am Ende der gesamten Prozedur stets die Polarisation hat, die das dritte Photon bei Alice am Anfang hatte.

Bei dem Verfahren muss Alice nicht wissen, ob anfangs $|H^D\rangle$ oder $|V^D\rangle$ präpariert wurde. Auch Bob weiß nicht, in welchem Zustand sich sein Photon am Ende befindet. Alice misst nur mit dem nicht-lokalen Messgerät an ihren beiden Photonen, die aus ganz verschiedenen Präparationsverfahren stammen, und teilt das Ergebnis Bob mit. Je nach Ergebnis setzt Bob eventuell noch den Polarisationsdreher ein und präpariert so sein Photon. Um welchen Zustand es sich dabei handelt, erfährt er nicht; es ist jedenfalls derselbe wie der des dritten Photons, das bei Alice präpariert wurde.

Bisher haben wir nur gezeigt, dass das Verfahren für die Zustände $|H^D\rangle$ und $|V^D\rangle$ des dritten Photons gelingt. Für den allgemeinen Zustand $|\psi_\alpha\rangle$, der eine Überlagerung aus $|H^D\rangle$ und $|V^D\rangle$ ist, wird ein etwas kompliziertes Verfahren benötigt, das wir hier nicht im Einzelnen beschreiben können. Es beruht auf einer speziellen nicht-lokalen Messung, die jetzt aber vier mögliche Messwerte hat. Diese Messung heißt *Bell-Messung*. Das Vorgehen ist sonst gleich (vgl. Abb. 4.7). Wieder erhalten Alice und Bob ein Photon aus einem verschränkten Paar. Bei Alice wird ein drittes Photon präpariert. Sein Zustand ist nicht bekannt. Alice misst nicht-lokal an den beiden Photonen, die in ihrem Besitz sind. Das Messergebnis teilt sie Bob mit. Dieser führt abhängig vom Messergebnis eine bestimmte Zustandstransformation an seinem Photon durch. Alles zusammengenommen ist dadurch ein Präparationsverfahren entstanden, das das Photon bei Bob im Zustand $|\psi_\alpha\rangle$ präpariert, in dem das dritte Photon bei Alice anfangs präpariert war. Welcher Zustand das ist, erfährt Bob nicht. Man sagt üblicherweise, der Zustand des dritten Photons bei Alice wurde durch das Verfahren zu Bob *teleportiert*. In der populärwissenschaftlichen Literatur wird Quanten-Teleportation häufig mit dem *Beamen* in Science-fiction-Geschichten in Verbindung gebracht. Beim Beamen wird ein Gegenstand oder eine Person in Licht verwandelt und an einer anderen Stelle wieder aus dem Licht zurückgewonnen. *Quanten-Teleportation ist kein Beamen, denn das dritte Photon bleibt bei Alice zurück.*

Vergleichen wir unser Ergebnis zum Schluss mit dem Präparationsverfahren für die Holzplastik, das bei Bob eingerichtet wurde. Ein ähnliches Verfahren für Quantenzustände bestünde darin, dass man zunächst den Zustand bestimmt und dann die Information über den Zustand übermittelt. Die Lage des Zustands $|\psi_\alpha\rangle$ ist durch den Winkel α gegeben (vgl. Abb. 3.2). Er ist eine Zahl mit sehr vielen, im Prinzip unendlich vielen Stellen nach dem Komma. Der Aufwand bei diesem Verfahren ist dem bei der Holzplastik vergleichbar. *Demgegenüber reicht bei der Quanten-Teleportation bereits die Mitteilung, welcher von vier Messwerten von Alice gemessen wurde, um das Photon bei Bob im gleichen Zustand zu präparieren.* Die Vorgehensweise ist dabei für alle Zustände des dritten Photons immer dieselbe. Für jedes neue Photon benötigt man ein neues verschränktes Photonenpaar. Zudem benötigt Alice ein Messgerät für eine nicht zerstörende Bell-Messung. Nicht-

Lokalität wird daher in zwei verschiedenen Formen ausgenutzt. Die Verwendung eines nicht-lokalen Zustands wird mit einer nicht-lokalen Messung kombiniert. Durch die Ausnutzung des vollen Potenzials, das in der Nicht-Lokalität steckt, wird die Übertragung eines Quantenzustands (d. h. eines Präparationsverfahrens) von Alice zu Bob sehr einfach.

5. Das Erscheinen der klassischen Welt

Wir haben bisher mit der Photonenpolarisation ein Quantensystem betrachtet, das relativ gut von seiner Umgebung isoliert ist. Die Annahme der Isolation ist im Allgemeinen aber eine starke Idealisierung. Es liegen in der Regel offene Systeme vor, die mit ihrer Umgebung über eine Wechselwirkung einen verschränkten Gesamtzustand bilden können. Dadurch treten wiederum ganz neue Quanteneffekte auf. Auf ihrer Grundlage kann man unter anderem versuchen zu verstehen, warum die uns umgebenden Alltagsobjekte klassisch beschreibbar sind.

5.1. Ein Forschungsprogramm

Schrödingers Katze, das ist die Katze, mit der folgendes grausame Experiment durchgeführt wird, das Erwin Schrödinger in seiner grundlegenden Arbeit von 1935 beschrieben hat:[38] Die Katze wird zusammen mit einem radioaktiven Präparat in einen undurchsichtigen Kasten gesperrt. Mit der Wahrscheinlichkeit ½ zerfällt das Präparat innerhalb der ersten Stunde. Beim Zerfall wird ein Zerfallsprodukt emittiert und von einem Zählrohr registriert. Dadurch wird eine Maschinerie ausgelöst, die ein Fläschchen Blausäure zertrümmert und so die Katze tötet. Schrödinger schaut nach einer Stunde in den Kasten. Er findet mit der Wahrscheinlichkeit ½ seine Katze tot vor. Mit der Wahrscheinlichkeit ½ lebt sie noch. Da wir Wahrscheinlichkeit über relative Häufigkeit definiert haben, ist das in Wirklichkeit eine Aussage über das Leben und Sterben sehr vieler Katzen in immer derselben Situation.

Was ist in dem Kasten in der Stunde passiert? Wir beantworten diese Frage auf der Grundlage unserer Standardvorstellung von der Wirklichkeit der klassischen Physik. Katzen existieren auch dann, wenn man sie nicht sieht. Katzen können nur lebendig oder tot sein. Wenn sie tot sind, dann bleiben sie auch tot. Wurde eine tote Katze vorgefunden, dann ist sie zu einem wohlbestimmten Zeitpunkt innerhalb der ersten Stunde gestorben. Das klingt alles sehr plausibel, aber wie wir gesehen haben, ist physikalische Wirklichkeit theorieabhängig. Was sagt die Quantentheorie dazu?

Das Zerfallen des Präparats ist ein Quantenereignis. Es muss quantentheoretisch beschrieben werden. Das lässt sich leicht machen, wenn man in unserem bisherigen Schema bleibt, das Quantensysteme, Transformationsgeräte und Messgeräte sowie die beiden zugehörigen Quantendynamiken vorsieht. Wir haben diese Standard-Quantentheorie in Abschnitt 3.11 näher beschrieben. Das radioaktive Präparat ist das Quantensystem. Das Zählrohr zusammen mit der Katze ist das Messgerät. Die Katze ist sein klassischer «Zeiger». Das Messergebnis wird durch die Katzenzustände «lebt» bzw. «tot» in unumkehrbarer und objektiv bestimmbarer Weise angezeigt. Die Messung und das Eintreten des Messergebnisses finden zu einem wohl bestimmten Zeitpunkt vor der Öffnung des Kastens statt. Schrödinger liest nur irgendwann das Messergebnis ab. Selbstverständlich spielt sein Bewusstsein dabei keine Rolle. Soweit unser bisheriges Verständnis. Von einem Problem kann keine Rede sein.

Die Situation ändert sich, wenn man mit der Quantentheorie, die wir in den vorigen Abschnitten beschrieben haben, unzufrieden ist und das folgende *Forschungsprogramm* verfolgt: Es gibt nicht zwei Quantendynamiken, wie in Abschnitt 3.11 beschrieben, sondern nur eine. Die Messdynamik hat keinen eigenen Status mehr. Sie wird auf die Transformationsdynamik zurückgeführt. Die grundlegenden Aussagen der angestrebten Theorie enthalten die gesamte klassische Welt inklusive der Messgeräte, die infolgedessen nicht mehr etwas primär und unabhängig Gegebenes sind. In der angestrebten Nicht-Standard-Theorie gibt es nur noch Quantensysteme und die Transformationsdynamik. Letztlich lautet das Forschungsprogramm: «*Alles ist Quantenphysik!*» Auch das Messgerät «Katze» ist so zu beschreiben. Der Einfachheit halber haben wir Zählrohr und Katze zu einem Gerät zusammengefasst.

Die überwiegende Zahl der Physiker hält ein solches extremes Forschungsprogramm nicht für dringend notwendig. Es gibt bisher keine Situation, in der die gute alte Standard-Quantentheorie versagt hätte. Diese enthält allerdings von einem übergeordneten (also metaphysikalischen) Standpunkt aus betrachtet sehr wohl *unbefriedigende Elemente*. In einem Messgerät finden sich Metalle, Kunststoffe usw. Alle diese Teile lassen sich in ihrem dynamischen Verhalten mit der Transformationsdynamik als Quantensysteme beschreiben. Werden sie aber als Messgerät eingesetzt, dann gilt die Messdynamik und die Geräte haben klassische Eigenschaften. Wir haben gesagt, dass die Messgeräte so etwas wie Schnittstellen sind. Sie «ragen» in die Quantenwelt hinein und wechselwirken mit ihr. Diese Metapher sollte man näher präzisieren und verstehen können. Schließlich gibt es noch einen weiteren Punkt. Neben Quantenobjekten wie Photonen, Atomen usw. einerseits und klassisch beschreibbaren Objekten wie Tischen, Stühlen usw. andererseits dürfte es sicherlich Objekte aus einem Zwischenbereich geben, die bereits «ein bisschen» klassisch sind. Wenn es möglich wird, sie zu präparieren und mit ihnen zu experimentieren, wie sind sie dann zu beschreiben? Wenn sich das Forschungsprogramm erfolgreich durchführen ließe, wäre die Frage beantwortet. Aber vielleicht können wir ja auch bereits im Vorfeld etwas lernen.

5.2. Tote Katzen zum Leben erwecken

Das Ziel des Forschungsprogramms ist eine echte *Alternativtheorie* zur Standard-Quantentheorie, in der der mathematische Teil und die Abbildungen, die sich auf die Messung beziehen, wegfallen. Das Eingangszitat von Bohr in Abschnitt 3.3 ließe sich umdrehen, und man könnte sagen: Es gibt – primär jedenfalls – keine klassische Welt. Das Forschungsprogramm muss seinem Anspruch nach mindestens zwei große Probleme lösen: 1.) Wie entsteht die klassische Welt aus der Quantenwelt? Das ist das *Emergenzproblem*. Emergenz meint hier einfach Hervortreten oder Erscheinen 2.) Was geschieht während der Messung? Alle Aspekte der Quantenmessung zu verstehen ist das *Messproblem*. Die Standard-Quantentheorie bezieht sich nicht auf Phänomene, die klassisch beschreibbar sind. Sie führt Messgeräte als unabhängige Elemente ein. *Sie hat weder ein Emergenz- noch ein Messproblem, ist aber – wie schon beschrieben – in gewisser Hinsicht unbefriedigend.* Die Probleme tauchen aber an zentraler Stelle in dem Forschungsprogramm für die Alternativtheorie auf. Dass beide Probleme zusammenhängen, sieht man schon daran, dass die Zeiger des Messgeräts klassische Objekte sind. Am Ende einer Messung zeigt ihr klassischer Zustand das Messergebnis an.

Bevor man das Forschungsprogramm angeht, kann man versuchen, auf einer *Vorstufe* die weniger ambitionierten Probleme zu lösen, die wir im vorigen Abschnitt als «unbefriedigende Elemente» bezeichnet haben. Was lässt sich sagen, wenn man die Regeln für den Messprozess zunächst einmal noch nicht aufgibt? Findet sich dann zum Beispiel ein Ansatz für die Lösung des Emergenzproblems? Um Erfahrungen zu sammeln, machen wir einen ersten, noch sehr unzulänglichen Versuch, etwas über die Quantenphysik klassischer Objekte zu erfahren, und beschreiben die Katze mit einem *reinen Quantenzustand.*

Die Katze kommt in den Kasten im Zustand $|\text{lebt}\rangle$. Wir nehmen an, dass sie durch Wechselwirkung mit dem Präparat in einem reinen Quantenzustand präpariert wird, der eine gleichgewichtige Überlagerung von $|\text{tot}\rangle$ und $|\text{lebt}\rangle$ ist. Sie ist *weder* lebendig *noch* tot:

$$|\psi_\alpha\rangle = |\text{lebt}\rangle + |\text{tot}\rangle \,. \tag{5.1}$$

Wir haben den Zustand des Präparats nicht explizit dazugeschrieben und wieder einen gemeinsamen Vorfaktor $1/\sqrt{2}$ weggelassen. Wenn wir an der Katze in diesem Zustand messen, dann erhalten wir nach unseren Regeln jeweils in der Hälfte der Fälle (vgl. Abb. 5.1) die Messergebnisse «lebt» bzw. «tot» Das ist genau das, was auch tatsächlich registriert wird. Der Ansatz scheint also vielversprechend zu sein. Wir haben für Katzen Weder-noch-Quantenzustände eingeführt. Aber ist das wirklich so problemlos möglich? Können wir Katzen (und analog andere klassische Systeme) im Überlagerungszustand (5.1) antreffen? Wir kommen auf Überlegungen zurück, die wir in Abschnitt 3.7 angestellt haben.

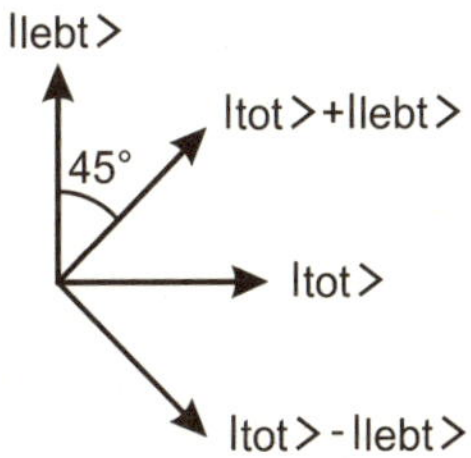

Abbildung 5.1: Zustände der quantenmechanisch beschriebenen Katze und ihre Überlagerungen. (Die Vektoren haben die Länge eins. Bei der Summe und der Differenz wurde ein gemeinsamer Vorfaktor nicht hingeschrieben.)

Nehmen wir also an, der Zustand (5.1) lässt sich realisieren. Dann ist zu vermuten, dass sich konsequenterweise auch ein Messgerät konstruieren lässt, das – verglichen mit unserer bisherigen Messung an der Katze – «verdreht» misst und je nach Messwert entweder in den Quantenzustand $|\text{lebt}\rangle + |\text{tot}\rangle$ oder in den Quantenzustand $|\text{lebt}\rangle - |\text{tot}\rangle$ überführt. Eine ähnliche Messung war in Abschnitt 3.7 die V*/H*-Messung (vgl. Abb. 3.5). Eine solche Messung führen wir an vielen Katzen im Zustand $|\text{tot}\rangle$ durch. Wir können an Abbildung 5.1 ablesen, dass die Projektionen des Vektors $|\text{tot}\rangle$ auf die Vektoren $|\text{lebt}\rangle + |\text{tot}\rangle$ und $|\text{lebt}\rangle - |\text{tot}\rangle$ gleich lang sind. Mit unserer Projektionsregel für die Wahrscheinlichkeiten folgt in der Hälfte aller Fälle, dass sich die Katzen nach der Messung im Zustand |lebt⟩ + |tot⟩ befinden. Diese Katzen selektieren wir anhand des Messwertes aus und führen an ihnen die Lebt/tot-Messung durch. Wie Abbildung 5.1 zeigt, werden dann wiederum in der Hälfte der Fälle Katzen im Zustand |lebt⟩ präpariert. Infolgedessen ist jede vierte der toten Katzen durch die beiden hintereinander ausgeführten Messungen zum Leben erweckt worden. Für die Polarisation einzelner Photonen ist der entsprechende Prozess der Übergang aus einem Zustand |H⟩ in den Zustand |V⟩ durch zwei Messungen. Das ist mit den uns zur Verfügung stehenden Geräten auch durchführbar. Demgegenüber wurde aber noch nie beobachtet, dass ein totes Lebewesen durch welches Verfahren auch immer wieder lebendig wurde. *Es kann daher nicht sein, dass Schrödingers Katze sich im Weder-Noch-Zustand von Gleichung (5.1) befunden hat, bis der Deckel geöffnet wurde.* Wir wollen zeigen, warum das so ist. Was lag stattdessen vor?

5.3. Offene Systeme und die Rolle der Umgebung

Wenn Katzen sich stabil in Überlagerungszuständen befinden könnten, warum nicht etwa auch Tische? Ein Tisch hätte dann beispielsweise weder den Zustand |im Zimmer⟩ noch den Zustand |außerhalb des Zimmers⟩. Die Objekte der klassischen Physik verhalten sich aber nicht so. Das führt auf das Emergenzproblem: Wie entsteht die klassische Welt aus der Quantenwelt? Wie wir im vorigen Abschnitt gesehen haben, ist das eine Frage, die man schon in der Standardtheorie sinnvoll stellen kann. Es geht in diesem Fall darum, zunächst das Emergenzproblem zu lösen, ohne sich mit dem Messproblem abzugeben. Wir behalten also unsere bisherige Beschreibung des Messprozesses bei. *Der Lösungsansatz besteht darin, dass man die Umgebung eines Systems und ihre Quantenzustände mit berücksichtigt.*[39]

Realistische Systeme und infolgedessen auch die Objekte der klassischen Physik wie Katzen, Tische usw. sind – von speziellen, unter experimentellem Aufwand präparierten Situationen abgesehen – nicht völlig von ihrer Umgebung isoliert und oft gar nicht isolierbar. Sie müssen daher als *offene Systeme* beschrieben werden. Bisher haben wir nur von der Umgebung isolierte Quantensysteme betrachtet. Die Aufhebung der Isolation führt zu einer Wechselwirkung des Systems mit seiner Umgebung, die eine Verschränkung von System und Umgebung zur Folge hat. Die Umgebung wirkt auch anschließend noch ständig weiter ein. Beides müssen wir berücksichtigen. Der Übergang von isolierten zu offenen Systemen war schon in Abschnitt 2.2 beim Aufbau der klassischen Physik ein entscheidender Schritt. Dort ging es um die Beschreibung von Wechselwirkungen durch Kräfte.

Unter anderem werden die überall vorhandenen Photonen der kosmischen Hintergrundstrahlung und auch Luftmoleküle an klassischen Objekten gestreut. Wir nehmen wieder Katzen als Beispiel. Entsprechendes gilt für Tische und andere klassische Systeme. Wenn man eine Katze in einen Kasten sperrt, dann streut sie ständig unter anderem die vielen Photonen der Wärmestrahlung, die von den Kastenwänden ausgeht. Die Photonen sind in dieser Situation die Quantenobjekte der unmittelbaren Umgebung. Beim Akt der Ablenkung eines Photons findet eine Wechselwirkung zwischen Katze und Photon statt, die mit einer nicht-lokalen Transformation (vgl. Abschn. 4.5) in einen verschränkten Zwei-Teile-Zustand des Quantensystems Katze/Photon überführt. Der Zustand ist eine Überlagerung aus |lebt, Photonenzustand a⟩ und |tot, Photonenzustand b⟩, ähnlich wie der Zustand von Gleichung (4.1). Wenn wir wieder zur Veranschaulichung Alice und Bob einführen, dann ist nach der Streuung das eine Teilsystem, nämlich die Katze, bei Alice und das andere Teilsystem, das Photon, bei Bob. Es gibt bei klassischen Objekten sehr viele gleichzeitig gestreute

Photonen. Sie befinden sich an den verschiedenen Orten von Bob 1, Bob 2 usw. Alle Bobs sind unerreichbar weit von der Katze entfernt. *Es bildet sich sehr schnell ein verschränkter Sehr-viele-Teile-Zustand aus.* Wir sehen, dass der Anwendungsbereich von Verschränkung um ein wichtiges Gebiet erweitert werden muss: *die umgebungsinduzierten Effekte.*

Wir können die dazugehörigen theoretischen Untersuchungen hier nicht im Einzelnen darstellen. Wir geben nur Resultate an.[40] Die Katze ist durch die Verschränkung ein Teilsystem eines sehr großen Gesamtsystems geworden. Auch Teilsysteme werden durch Zustände beschrieben (vgl. Abschn. 3.4). Es zeigt sich, dass mathematisch – aber auch nur mathematisch – der Zustand des Teilsystems «Katze» genau mit dem Gemisch übereinstimmt, bei dem die Zustände $|\text{tot}\rangle$ und $|\text{lebt}\rangle$ getrennt präpariert und mit gleicher Gewichtung gemischt wurden. Die andauernde Streuung mit immer weiteren Photonen, also die Wechselwirkung mit der Umgebung, hat gerade auf diese speziellen Zustände geführt. Nur diese Zustände haben sich unter ihrem Einfluss als robust und stabil erwiesen. Sie haben überdauert. Auf diese Weise werden sie durch die Art der Wechselwirkung bestimmt. Führt man nur Messungen am Teilsystem «Katze» durch, dann erhält man bei all diesen lokalen Messungen dieselben Ergebnisse wie beim Entweder-lebendig-oder-tot-Zustand des Gemisches. Damit scheinen wir das Erscheinen der klassischen Welt im Rahmen der Standard-Quantentheorie erklärt zu haben. Wenn es nämlich jemandem gelänge, Katzen, Tische oder andere Objekte der klassischen Physik in einem Überlagerungszustand (Superposition) zu präparieren – was nicht von vorneherein verboten ist –, *dann würde nach Verschränkung mit den Quantensystemen der Umgebung dieser reine Zustand sehr schnell zu einem Gemisch zerfallen.* Aufgrund dieses als *Dekohärenz* bezeichneten Prozesses begegnet uns bei klassischen Objekten niemals der Überlagerungszustand, also der typisch quantentheoretische Weder-noch-Zustand.[41]

Wir müssen aber noch einmal kritisch zurückblicken und einige Punkte festhalten. Wir haben nur mathematisch ein Gemisch erhalten. Zu seiner Interpretation haben wir uns, genauso wie in den vorigen Abschnitten, auf Messgeräte und die Regeln für den quantenmechanischen Messprozess sowie dessen Wahrscheinlichkeitsinterpretation bezogen. Der Messprozess spielt nach wie vor dieselbe Rolle. Die Bornsche Regel können wir auf diese Weise selbstverständlich nicht ableiten. Hinsichtlich des Erscheinens der klassischen Welt ist zu betonen, dass wir für das Teilsystem Katze als Zustand ein Gemisch erhalten haben. Infolgedessen können wir nur eine Aussage über die Ergebnisse bei vielen Wiederholungen des Experiments machen, also etwa über relative Häufigkeiten. Wir können aber nicht begründen, warum sich bei einzelnen realen Katzen stets einer der Zustände $|\text{lebt}\rangle$ oder $|\text{tot}\rangle$ auch einstellt. Dieser Teil unserer Erfahrung wird nicht beschrieben. Das *Problem des Eintretens eines definiten Ergebnisses bei der Einzelmessung, das manchmal auch das* Objektivierungsproblem *genannt wird, ist nicht gelöst.*

Das wird auch deutlich im Zusammenhang mit der Frage, was nach dem Einfluss der Umgebung «in Wirklichkeit» vorliegt. Wir kehren zurück zum Gesamtsystem. Die Verschränkung zwischen Katze und den gestreuten Photonen der Umgebung besteht nach wie vor. Wir können sie nicht wegdiskutieren. Der Gesamtzustand aller Beteiligten ist ein verschränkter reiner Zustand. Wenn wir demgegenüber eine Münze werfen, dann liegt *real* nach jedem einzelnen Wurf Kopf oder Zahl oben. Wir können aber nicht behaupten, dass durch Einbeziehung der Umgebung die einzelne in den Kasten eingesperrte Katze in einen der reinen Zustände $|\text{lebt}\rangle$ bzw. $|\text{tot}\rangle$ präpariert wird. Dann hätten wir gerade keinen verschränkten Katze-Photonen-Zustand mehr. Für alle Messungen an der Katze, also für die lokalen Messungen an diesem Untersystem, sieht es nur so aus «*als ob*». Wir betonen diesen Punkt noch einmal. Nach der Verschränkung mit der Umgebung ist der Zustand des Untersystems «Katze» formal mathematisch ein Gemisch. Aber dieses Gemisch ist nicht durch «Mischen» entstanden. Man hat auf diese Weise nicht Katzen mit gleicher Häufigkeit im Zustand |lebt⟩ oder |tot⟩ präpariert. Mathematische Gleichheit mit diesem Zustand besagt nur, dass alle möglichen Messungen an vielen Katzen auf die gleichen relativen Häufigkeiten und Ergebnisse führen. So haben wir das Konzept Zustand in Abschnitt 3.4 eingeführt. Das mag *für viele praktische Zwecke* genügen. Da aber die Präparationsverfahren die Wirklichkeit bestimmen, ist die Wirklichkeit bei beiden Präparationsverfahren verschieden. Das würde sofort deutlich, wenn man nicht-lokale Messungen an dem aus Katze und Photonen bestehenden Gesamtsystem machen könnte. Dazu müsste man allerdings Zugriff auf die gestreuten Photonen haben. Man könnte sie etwa zurückspiegeln (im Prinzip jedenfalls).

Alle diese Überlegungen lassen sich auf unser zweites Problem im Forschungsprogramm, das Messproblem, übertragen. Die Katze kann uns als Beispiel für ein Messgerät mit Zeiger dienen. Den Kasten können wir dabei weglassen. Sie zeigt über ihren «Zeiger»-Zustand «tot» bzw. «lebt» an, ob das Präparat zerfallen ist oder nicht. Katze und Präparat werden im Messprozess verschränkt. Als gemeinsamer Zustand entsteht die Überlagerung aus |zerfallen, tot⟩ und |nicht zerfallen, lebt⟩. Dann folgt der gleiche Prozess wie oben, der auf eine zusätzliche Verschränkung mit der Umgebung (z. B. den viel gestreuten Photonen) als drittem System führt. Beobachtet man danach lediglich den Zustand des Teilsystems Präparat plus Katze, dann liegt wieder ein Gemisch vor: Entweder die Katze ist tot und das Präparat ist zerfallen oder die Katze lebt und das Präparat ist nicht zerfallen. Allerdings sieht es wieder nur so aus «als ob». Da wir keinen Zugriff auf die gestreuten Photonen haben, können wir uns für alle praktischen Zwecke damit begnügen. Zur unumgänglichen physikalischen Interpretation des mathematischen Gemischzustands müssen wir allerdings – wie wir schon betont haben – wieder auf die Regeln für den Messprozess zurückgreifen, die eigentlich abgeleitet werden müssten. Das Ziel des Forschungsprogramms ist offenbar so einfach nicht zu erreichen. *Durch Berücksichtigung der umgebungsinduzierten Dekohärenz wird weder das Problem des Erscheinens der klassischen Welt noch das Messproblem durchgängig gelöst.*[42] Das ändert aber nichts daran, dass die umgebungsinduzierte Dekohärenz für die Physik offener Systeme von zentraler Bedeutung ist.

5.4. Fortschritt und weitere Probleme

Die Einbeziehung der Umgebung stellt einen wichtigen Schritt dar auf dem Weg zur Realisierung des Programms «Alles ist Quantentheorie», in dem auch der Messprozess auf die Transformationsdynamik zurückgeführt und das Erscheinen der klassischen Welt beschrieben werden soll. Wir haben einige Schwierigkeiten herausgestellt, die noch zu überwinden sind. Weitere Fragen sind offen. Wenn wir wissen, wie klassisches Verhalten entsteht, dann können wir auf diese Weise auch das Verhalten von guten Messgeräten begründen. Allerdings lässt sich dann auf derselben physikalischen Grundlage auch das Verhalten schlecht funktionierender Messgeräte erklären. Wann aber ist in diesem Zugang ein Messgerät ein «gutes» Messgerät? Wird ein erfolgreiches Forschungsprogramm auch das beantworten können? Oder muss man hier doch wieder auf die Bedingungen zurückgreifen, die in der Messdynamik der Standard-Quantentheorie von Messgeräten zu erfüllen sind? In den letzten Jahren zeichnen sich in diesem Zusammenhang Ansätze ab, die wieder vom Einfluss der Umgebung ausgehen. Von Wojciech H. Zurek (geb. 1951)[43] wurde ein Verfahren vorgeschlagen, das möglicherweise einen Zugang zur Ableitung der Bornschen Regel eröffnen könnte. Auf die Einzelheiten können wir hier leider nicht eingehen.

Es wäre sicherlich ein großer Fortschritt für das Verständnis der konzeptionellen Grundlagen der Quantentheorie, wenn es gelänge, das Forschungsprogramm zum Erfolg zu führen. Zur Beschreibung von komplizierten, in der Natur auftretenden Situationen hat man bislang auf die Ergebnisse (z. B. Wirkungsquerschnitte) aus der in Abbildung 3.10 beschriebenen Laborsituation zurückgegriffen. Es wäre wünschenswert, wenn man beispielsweise bei der Behandlung von Prozessen im Sterninneren nicht mehr mit der Frage konfrontiert würde: Wo ist das Messgerät? Aber das weist auch bereits auf die nächste Schwierigkeit hin. Mit Wegfall des Messgeräts taucht das fundamentale *Problem der Abtrennung* oder Partitionierung auf. Was ist das System und was ist seine Umgebung? Wie kann man ohne das Hilfskonzept eines bereits abgegrenzten Messapparats das primär gegebene unzerlegte und vielfach verschränkte Gesamtsystem nicht nur mathematisch in seine Teile unterteilen? Wie wichtig ist die Abtrennung und welche physikalischen Konsequenzen hat sie? Könnte es sich so verhalten, dass erst dadurch, dass Teilsysteme abgegrenzt werden oder sich selber abgrenzen, die Messergebnisse, das heißt die physikalischen Fakten und Ergebnisse entstehen? Das alles sind Spekulationen.

Es gibt eine weitere fundamentale Fragestellung. Braucht man die klassische Welt, um einen Zugang zur Quantenwelt zu gewinnen? Kann man dem Forschungsprogramm folgend stattdessen innerhalb der Quantentheorie selbst die experimentellen Bedingungen ableiten, die notwendig sind, um die Quantentheorie zu entdecken und mit ihr umzugehen? Oder geht das aus tiefer liegenden Gründen nicht? Es gibt bisher kaum Untersuchungen zu diesem *Problem der Selbstreferentialität* (vgl. Kapitel 6). Aber vielleicht müsste man überhaupt vollständig anders ansetzen und sich nicht auf die Diskussion der Rolle der beiden Dynamiken beschränken, sondern darüber hinaus die bisher verwendete Interpretation abändern. Diesem Zugang wenden wir uns jetzt zu.

5.5. In welcher Welt lebt Schrödingers Katze?

Wir haben gezeigt, dass bei vielfacher Wiederholung des Experiments in jeweils der Hälfte der Fälle die Katze tot bzw. lebendig ist. Warum gerade eines dieser Ergebnisse aktuell in einem speziellen Einzelfall vorliegt, können wir nicht sagen. Wie lässt sich diese Schwierigkeit überwinden?

Bemerkenswerterweise dadurch, dass wir nicht das beschriebene Forschungsprogramm für eine alternative Quantentheorie abändern, sondern indem wir es um eine geschickte Interpretation erweitern. Solche Überlegungen wurden durch eine Arbeit von Hugh Everett (1930–1982) aus dem Jahr 1957 angestoßen.[44] Der Zustand unserer Katze im Kasten ist nach der Wechselwirkung der Überlagerungszustand von Gleichung (5.1). Die Verschränkung mit den Zuständen des Präparats und denen der Photonen haben wir nicht hingeschrieben. Wir interpretieren solche Überlagerungszustände jetzt folgendermaßen: Sie beziehen sich auf die Wirklichkeit in zwei verschiedenen Welten. In der einen Welt, in der das Atom nicht zerfallen ist, lebt die Katze. In der anderen Welt, in der das Atom zerfallen ist, ist die Katze tot.

Sicherlich ist diese Viele-Welten-Interpretation *eine bizarre Vorstellung.* Alle möglichen Messwerte liegen gleichzeitig vor, aber jeder in einer anderen Welt. Auf diese Weise haben wir der Theorie nach eine andere Quantentheorie als die in Kapitel 3 und 4 beschriebene. Wann immer in der Standard-Quantentheorie die Regeln für den Messprozess angewendet werden, spaltet dieser nach der Viele-Welten-Theorie die Welt in so viele *Parallelwelten* auf, wie Messergebnisse möglich sind. Die Parallelwelten sind alle gleichermaßen wirklich, können aber nicht miteinander kommunizieren. In der einen Welt ist Schrödingers Katze tot und in der anderen lebt sie. Der Beobachter findet in der einen Welt nach Öffnung des Kastens eine tote Katze, in der anderen Welt eine lebende Katze. Er wird sich in der einen Welt an das eine und in der anderen Welt an das andere erinnern. Er selber «verzweigt» sich also auch, schmerzlos natürlich. In einer Fortentwicklung dieser Theorie enthält jede Person unendlich viele Bewusstseine («many minds»).[45]

Warum sollte man versuchen, das Konzept einer gewöhnungsbedürftigen Viele-Welten-Interpretation weiter zu präzisieren und auszubauen, wenn sich alle bisher experimentell bestätigten Quanteneffekte mit der in Kapitel 3 und 4 formulierten Theorie einschließlich ihrer Interpretation beschreiben lassen? Wie wir schon betont haben, ist ein Motiv dafür die Idee der Vereinheitlichung der Dynamik zwischen Präparation und Messung und der Dynamik im Messprozess selbst. Man erhofft sich eine in der Formulierung und vielleicht auch in der Anwendung einfachere und zugleich «schönere» sowie «metaphysikalisch befriedigendere» Theorie. Der Hauptgrund ist allerdings, dass man für den Frühzustand des Universums eine Quantentheorie des ganzen Kosmos formulieren möchte. Das geht mit der Standardformulierung nicht. Es gibt den Kosmos nur einmal, und es gibt für ihn weder Präparationsverfahren noch Messgeräte, die man «von außen» zur Messung ansetzen könnte. Der Kosmos kann höchstens durch Teile seiner selbst gemessen werden, aber er ist dann nicht mehr ein großes Quantensystem, sondern Teile davon sind klassischer Natur. All das sind konzeptionell weitgehend ungelöste Probleme. Man muss hier wieder genau zwischen Forschungsprogrammen und bereits erzielten Ergebnissen unterscheiden. Viele populärwissenschaftliche Darstellungen tun das leider nicht. Ziel des Viele-Welten-Konzepts ist es, die Messdynamik durch eine geschickte Interpretation zu ersetzen. Nach Konstruktion dieser Interpretation ist es nicht möglich, ein Experiment zu finden, mit dessen Hilfe man in der Lage ist, zwischen dieser nicht-klassischen Alternativtheorie und der Standard-Quantentheorie von Kapitel 3 und 4 zu unterscheiden, so wie das bei der Alternativtheorie mit verborgenen Parametern der Fall war. Die Viele-Welten-Interpretation ist in einem gewissen Sinne ein eleganter Ansatz. Allerdings «muss man hierfür einen hohen ontologischen und epistemologischen Preis zahlen».[46]

Die Viele-Welten-Interpretation wird von Physikern zumeist abgelehnt. Eine physikalische Theorie ist niemals das letzte Wort. Wir wollen am Schluss noch einmal auf die Standard-Quantentheorie zurückblicken. Wird sie überflüssig, wenn es gelingen würde, das Forschungsprogramm – vermutlich mithilfe weiterer mehr oder weniger ad hoc gemachter Annahmen – bis ins Detail zu realisieren? Es ist zu erwarten, dass selbst dann die bisher sogenannte Standard-Quantentheorie einen Platz im Kanon der Theorien behalten wird, weil sie es erlaubt, den Messprozess abgekürzt zu behandeln. Man kann auf ihrer Grundlage in sehr vielen Fällen schnell zu Ergebnissen kommen. Mit einer ähnlichen Situation sind wir in der Physik schon länger vertraut: Die Thermodynamik als Theorie für die unmittelbar beobachteten Wärmephänomene hat – nicht zuletzt auch für die physikalische Begriffsbildung – ihre Bedeutung behalten, obwohl sie im Prinzip durch die Statistische Mechanik ersetzt werden könnte.

6. Ausblick

Andrea: Aber sie haben mir alles bewiesen.
Galilei: Nur, dass es so sein kann. Du verstehst, die Hypothese ist sehr schön, und es spricht nichts dagegen.
Andrea: Ich möchte auch Physiker werden, Herr Galilei.

Bertolt Brecht, «Leben des Galilei»

Wir haben in den vorangegangenen Abschnitten Grundzüge der nichtrelativistischen Quantenphysik am Beispiel der Polarisation einzelner Photonen veranschaulicht. Das ist ein ganz spezielles Quantensystem. Die Konzepte und Ergebnisse gelten aber analog für andere Ein-Teil- und Viele-Teile-Systeme aus Atomen, Molekülen, Ionen in Fallen, Quantenpunkte von Halbleitern usw. Ein Photon kann mit einem Atom verschränkt werden. Es lassen sich auch mehr als zwei Teilsysteme verschränken. Ständig kommen in Experimenten neue physikalische Systeme hinzu, die man in verschränkten Zuständen präparieren kann. Die experimentelle und theoretische Entwicklung verläuft sehr schnell. Die Erzeugung, Charakterisierung und Verarbeitung von Verschränkung stößt neue technische Entwicklungen an. Wir haben bereits die Quantenkryptographie und den Quantencomputer erwähnt. Aber das ist alles erst der Anfang. Die Quantenphysik befindet sich auf neuen Wegen.

Wir wollen abschließend einen Punkt aus der Einleitung wieder aufgreifen. Worin bestehen die Ansatzpunkte für einen Dialog mit den Geisteswissenschaften? Sie beziehen sich in erster Linie auf Naturphilosophie und Wissenschaftstheorie. Für einen Dialog mit der Naturphilosophie, von dem gerade auch die Naturwissenschaften profitieren würden, kann man sich an den alten philosophischen Schlüsselbegriffen orientieren, die durch die Quantentheorie eine grundlegende Revision erfahren haben. Wir haben sie aus physikalischer Sicht ausführlich dargestellt. Seit den Anfangszeiten der Quantentheorie hat man neu über

- Realität
- Zustand
- Eigenschaft
- Messung
- Wahrscheinlichkeit
- Determiniertheit und Zufall
- Kausalität
- offene Zukunft
- offene Vergangenheit, Geschichtslosigkeit
- Rolle des Beobachters
- Objektivität

nachgedacht. Über diese Konzepte ist in Teilen der populärwissenschaftlichen Literatur mangels klarer Abgrenzung gegen die klassisch-physikalische Denkweise manches Verwirrende geschrieben worden, oft zugespitzt zu angeblichen Paradoxien.

In den letzten 10 bis 15 Jahren sind zunehmend weitere Konzepte in den Mittelpunkt naturphilosophischer Betrachtung gerückt:

- System, Teilsystem, offenes System
- Verschränkung, Nicht-Separabilität, Lokalität
- Nicht-klassische Korrelationen
- Erst der Eingriff legt ein System fest, nicht seine Eigenschaften.
- Verhältnis der Teile zum Ganzen, Holismus
- Messproblem
- Entstehung klassischer Eigenschaften, Emergenz

Das sind große Herausforderungen für das Verstehen. Gerade mit Blick auf die beiden letzten Punkte sollte man allerdings die Warnung des Physikers und Chemikers Hans Primas (geb. 1928) beachten: «*Daher haben es naturwissenschaftlich unerfahrene Philosophen nicht leicht, in der Quantentheorie die noch ungelösten physikalisch-mathematischen Probleme von den philosophischen Problemen zu trennen. Macht man das aber nicht hinreichend sorgfältig, so kommt man in Schwierigkeiten. Das heißt, es ist witzlos, über Probleme zu diskutieren, für welche die Theoretiker ihre Hausaufgaben noch nicht erledigt haben.*»[47] Allerdings sollte diese Warnung nicht alleine das Bild bestimmen. Der interdisziplinäre Dialog lohnt sich. Der Philosoph Michael Esfeld (geb. 1966) sieht es so:[48] «*Wir sollten die Herausforderungen, welche die Quantentheorie für die Philosophie darstellt, nicht als etwas verstehen, gegen das man althergebrachte philosophische Prinzipien – wie die Lokalisiertheit, die Separabilität und die Individualität der Dinge – verteidigen muss, sondern als eine Chance für eine Weiterentwicklung der Philosophie im Dialog mit der Physik.*»

Soviel zu den naturphilosophischen Aspekten. Hier gehen die Impulse in erster Linie von der Physik aus. Aber wie wir gesehen haben, können die naturphilosophischen Vorstellungen der Physiker auch eine starke Motivation für die physikalische Forschung sein. Einstein ist ein Beispiel. Er hat immer wieder aus naturphilosophischen Motiven heraus physikalische Einwände gegen die Quantentheorie vorgebracht, die dann physikalisch widerlegt wurden. So wurde Einstein ein großer Förderer der Quantentheorie wider Willen.

Der folgende Impuls könnte von der Wissenschaftstheorie ausgehen: Das Forschungsprogramm von Kapitel 5, in dem der Messprozess nicht getrennt formuliert wird, führt möglicherweise auf ein fundamentales Problem. Man versucht die Messgeräte, das heißt die Mittel zur Bestätigung oder Widerlegung der Theorie, mithilfe der Theorie selbst zu beschreiben. Die Theorie braucht aber zu ihrer Interpretation den Bezug auf makroskopische Apparate. Sie muss bei diesem Zugang in der Lage sein, zumindest Teile ihrer Interpretation selbst abzuleiten. Wie schon gesagt, nennt man das selbstbezüglich oder *selbstreferentiell*.[49] Entstehen dadurch Inkonsistenzen und Unvollständigkeiten? Es könnte sein, dass eine logische Analyse Folgendes ergibt: Im Prinzip lässt sich die Quantenphysik mit der Transformationsdynamik begründen. Aber in jeder einzelnen Situation muss es zumindest teilweise klassisch beschreibbare Apparate geben. Es würde dann von der speziellen Situation abhängen, ob ein System als klassisches System oder als Quantensystem auftritt. Wie wäre das im Einzelnen in einer Theorie zu formulieren? Selbstreferenz-Probleme sind logische Probleme der Theorienkonstruktion. Die Wissenschaftstheorie könnte eine wichtige Rolle bei ihrer Analyse spielen. Es ist bemerkenswert, dass gerade das Problem der Selbstreferentialität Stephen Hawking (geb. 1942) dazu geführt hat, nicht mehr an den Erfolg einer «Theorie für alles» (Theory of everything) zu glauben.[50] Das Forschungsprogramm von Kapitel 5 könnte sich als ein strukturell ähnliches Programm erweisen, das auf analoge Probleme führt.

Wir erwähnen abschließend noch, dass die zahlreichen Ergebnisse der Quanteninformationstheorie nahelegen, auch das Konzept der *Information* zu überdenken. Vielleicht stehen wir ja tatsächlich vor einer technologischen Revolution. Hier zeichnet sich ein weites Feld für die Technikphilosophie ab.

All das macht deutlich, dass für ein besseres Verständnis der Quantentheorie, das über Anwendungstechniken hinausgeht, der Dialog mit den Geisteswissenschaften eine wichtige Unterstützung sein könnte.

7. Reden wir darüber – Ein naturphilosophisches Gespräch zwischen Jürgen Audretsch und Hans-Dieter Mutschler

«Was die Schwierigkeit macht, ist immer das Denken ...»
Georg Wilhelm Friedrich Hegel (1770–1831)[51]

J. A.: Dieses Buch ist nicht nur, aber auch für Naturwissenschaftler geschrieben. Vielleicht wird der eine oder andere unter ihnen sich die Frage stellen: Warum sollte man ein naturphilosophisches Gespräch führen?

H.-D. M.: Viele Physiker halten die Philosophie für überflüssig. Der berühmte Richard Feynman meinte, man könne sich abends beim Bier vage philosophische Gedanken machen, etwa den, woher denn die physikalischen Gesetze kommen? Aber erstens könne man das Geschäft der Physik auch ganz gut ohne solche Überlegungen betreiben und zweitens käme dabei ohnehin nicht viel heraus.
Es ist wahr, dass man zur effizienten Anwendung der Physik keine Philosophie braucht. Aber man braucht auch keine Moral, um ein effizienter Politiker oder effizienter Manager zu sein. Moral stört geradezu. Die Frage ist, ob man wissen will, was man tut. Sobald ein Physiker danach fragt, was er eigentlich tut, stellt er eine philosophische Frage.

J. A.: Gehen wir von der Quantentheorie aus.

H.-D. M.: In Bezug auf die Quantentheorie gibt es zumindest eine Frage, die philosophisch relevant ist. Es ist schon ihren Gründungsvätern aufgefallen, dass sie eine Welt beschreibt, die von der uns umgebenden

radikal verschieden ist. Wenn Physik den Anspruch stellt und stellen muss, das Physische adäquat zu beschreiben, wieso unterscheidet sich das Physische, das wir jederzeit erfahren, so radikal von dem, was uns die Quantentheorie darüber sagt? Beschreibt die Quantentheorie die eigentliche Realität und ist die uns umgebende Natur nur ein wesenloser Schein, oder ist es umgekehrt so, dass die uns umgebende Natur die eigentliche ist und beschreibt die Quantentheorie nur Möglichkeiten, die im Experiment aktualisiert werden? Solche Fragen werden seit Bohr und Heisenberg gestellt, und es sind durchaus und im eigentlichen Sinn naturphilosophische Fragen.
Aber vielleicht holen wir zunächst etwas weiter aus. Sie haben in Ihrem Buch die Physik hierarchisch aufgebaut: Handwerkliches, elementare Messoperationen, Newtonsche Physik, Elektrodynamik, Quantentheorie. Gibt es andere Hierarchien? Welchen Platz hat die Thermodynamik?

J. A.: Mit der Thermodynamik beginnt ein anderer Zweig einer Theorienhierarchie, der ebenfalls an Längenmessungen (Thermometer) und sehr einfachen Zeitmessungen (Prozesse) anknüpft. Erst im weiteren Aufbau wird dann in der Statistischen Mechanik eine Verbindung zur Mechanik hergestellt.

H.-D. M.: Noch weiter zu dieser Hierarchie: Im Zusammenhang damit drängt sich die Frage auf, ob sich eine spezielle Hierarchie nur daraus ergibt, wie wir die Physik aufbauen, oder ob sie etwas widerspiegelt, was es in der Natur gibt? Hat die Natur selbst diese Stufung oder tragen wir sie nur von Außen an sie heran?

J. A.: Meine Ansicht ist, wir tragen sie nur heran. Mit Erfolg allerdings. Dabei werden beachtliche Ergebnisse erzielt und Erkenntnisse gewonnen. Es könnte aber möglicherweise auch einen anderen hierarchischen Theorienaufbau geben. Der methodische Zugang der Physik bleibt jedoch in allen Fällen immer derselbe.

H.-D. M.: Aber wenn Sie das sagen, dass nämlich eine solche Hierarchie nicht einer ‹scala naturae› entspricht, also selber nicht ontologisiert werden darf, dann folgt daraus auch, dass Sie nicht mehr sagen können, die auf einer höheren Stufe einsetzende Quantentheorie sei der Natur näher als die Elektrostatik oder die Newtonsche Mechanik. Solche Fragen entfallen dann.

J. A.: Warum sollte die Quantentheorie der Natur näher sein? Das ist sie zumindest in der Standarddarstellung schon deshalb nicht, weil sie auf die Vortheorien Raum-Zeit, Mechanik und Elektrodynamik mit ihren experimentellen Anwendungsbereichen zurückgreift. Die anderen Theorien müssen also gewissermaßen vorher bereits nah sein. In Kapitel 5 wird dann noch einmal ein anderer Zugang beschrieben, bei dem die Quantentheorie am Anfang steht. Es wird in diesem Forschungsprogramm versucht, die Hierarchie umzudrehen. Aber grundsätzlich ist sowieso zu sagen: Es fehlt uns zur Beantwortung der Frage ein Maß für Nähe.

H.-D. M.: Es gibt natürlich noch ein Argument zu Ihren Gunsten. Bei einem Schema, das mit der Quantentheorie beginnt, genügt es nicht, nur die Newtonsche Physik aus der Quantentheorie zu gewinnen. Wenn das Ganze vollständig reduzierbar sein soll, müsste man auch den handwerklichen Bereich als Grenzfall gewinnen können. Und da möchte ich gerne sehen, wie das gehen soll.

J. A.: Ich auch.

H.-D. M.: Sie greifen in Ihrem Schema auf den Bereich technischer Praxis zurück. Oft spricht man hier vom Gegensatz zwischen Wissenschaft und Lebenswelt. Das ist eine sinnvolle Unterscheidung. Die praktische Lebenswelt ist dadurch gekennzeichnet, dass in ihr Ziele, Werte, Zwecke usw. eine große Rolle spielen. Hier haben die meisten Philosophen nach dem Primat gefragt. Wie sehen Sie das Theorie-Praxis-Verhältnis?

J. A.: Ich möchte die Frage nicht mit Blick auf Werte, Zwecke usw. beantworten, sondern die Hierarchie noch etwas verdeutlichen. Wir hatten schon im Zusammenhang mit dem freien Probeteilchen gesehen, dass bereits von Anfang an Technik zur Realisierung der Idealisierungen eingesetzt werden muss. Man muss zum Beispiel durch eine Pumpe einen luftleeren Raum herstellen. Tatsächlich setzt das technisch geschickte Verhalten noch früher ein. Um eine möglichst gute gerade Linie zu realisieren, sind bereits handwerkliche Fähigkeiten und handwerkliches Wissen nötig, die nicht einfach jedermann zur Verfügung stehen. Man muss aber meiner Meinung nach mit dem Vorphysikalischen starten, sonst besteht zumindest die große Gefahr der Zirkularität und der Selbstreferenz. Allerdings ist dieses Vorphysikalische nicht das Lebensweltliche, Alltägliche und Menschliche. Es steht einer ‹Kunstnatur› näher als der praktischen Lebenswelt. Auch mit der Natur, von der wir oben sprachen, ist ja eigentlich eine ‹Kunstnatur› gemeint und nicht etwa ‹das drohende Gewitter›.

H.-D. M.: Das finde ich wichtig, denn wenn Sie diese Unterscheidung nicht treffen, haben Sie die Theologie ausgeschlossen, die völlig von der Lebenswelt abhängig ist. Ich meine, Sie hätten im andern Fall sogar eine Entscheidung gegen die Ethik getroffen. Die Begründung der Ethik lässt sich nur leisten, wenn man die Lebenswelt ganz ernst nimmt. Die praktische Lebenswelt wird also bei Ihnen nicht wegrationalisiert.

J. A.: Nein, das wird sie selbstverständlich gerade nicht. Genauso wenig wie direkt oder indirekt behauptet wird, dass alle Erfahrungen naturwissenschaftliche Erfahrungen sind. Es wird nur zur Vereinfachung in der Darstellung darauf verzichtet, vor Begriffe wie ‹Wirklichkeit›, ‹Erfahrung›, ‹Zustand›, ‹System› usw. immer wieder das Adjektiv ‹physikalisch› zu stellen.

H.-D. M.: Wir sollten auch nach den Prinzipien der Eleganz, Schönheit und Sparsamkeit fragen, nach all diesen nicht-empirischen Prinzipien. Das ist ein ganz wichtiger Punkt, weil es niemals gelungen ist, sie zu formalisieren. Was ist eine einfache Theorie? Was ist eine schöne Theorie?

J. A.: Wir haben auch hierfür kein Maß. Es ist interessant, dass in der Moderne in Architektur, Kunst und Musik Konzepte von Schönheit usw. nicht mehr im Mittelpunkt stehen. In immer neuen Sezessionen hat man sich von den zur jeweiligen Zeit herrschenden akademischen Vorstellungen abgesetzt. Es ist verwunderlich, dass es in der Physik in dieser Hinsicht so gut wie keine Entwicklung zu geben scheint. Möglicherweise liegt es daran, dass diese Konzepte im Labor- und Schreibtischalltag nicht die Rolle spielen, die Ihnen in den ‹Sonntagsreden› zugeschrieben wird. Der Umgang mit der Quantentheorie könnte auch in dieser Hinsicht etwas aufbrechen.
Doch zurück zu Ihrer Frage. Ich würde sagen, es geht um die Praxis. Es kommt eher darauf an, sich zu überlegen, was eine nützliche und praktische Theorie ist. Wenn ich es mir genau überlege, entscheidet doch eigentlich die Situation im Alltag, welche Theorie verwendet wird. Maßstab ist, wie erreiche ich möglichst schnell die theoretischen Aussagen, die ich brauche.

H.-D. M.: Hier sieht man, dass Sie eine gewisse Neigung zur ontologischen Heimatlosigkeit haben, ja zur Promiskuität. Man kann natürlich alles machen, so wie Sie es sagen, aber Sie haben dann eben ein stark instrumentalistisches Verständnis von Theorie. Rechnerkapazität sparen statt Schönheit. Einstein meinte, die Natur sei an sich einfach und schön. Der Herrgott ist zwar raffiniert, aber nicht böse.

J. A.: Diese Ansichten über den ‹Herrgott› lassen sich noch weiter ausbauen: Manche meinen, wir lesen, wenn wir im ‹Buch der Natur› lesen, die Schrift Gottes, und die war sehr einfach. Freundlicherweise hat er alles nach diesen metaphysikalischen Kriterien aufgebaut wie Einfachheit, Schönheit usw.

H.-D. M.: Er ist ein großer Künstler. Er macht aus wenig viel. Sie machen also Einstein nicht mit.

J. A.: Nein. Wenn man betont, dass die physikalische Wirklichkeit in großem Umfang eine von uns mit Hilfe von Theorien konstruierte Wirklichkeit ist, dann bedeutet dies, dass wir zumindest wichtige Mitautoren am ‹Buch der Natur› sind. Mir liegt daher ein Instrumentalismus, der auf die Theorie als Instrument gerichtet ist, näher. Deshalb kann ich den Einwänden, die im letzten Teil des Buches beschrieben werden, dass nämlich die Quantentheorie mit den zwei Dynamiken unschön sei, auch nur begrenzt folgen. Gegen den Vorwurf, dass die Verwendung einer Messdynamik ad hoc und daher unschön sei, lässt sich nur einwenden, dass alle Alternativvorschläge bei ganz genauer Betrachtung mindestens eben so viele Ad-hoc-Annahmen enthalten. Ob die dann schöner sind?

H.-D. M.: Ich denke, es ist schon stimmig, was Sie vertreten. Einstein und Planck hatten an dieser Stelle eine Platonische Auffassung. Für sie war die Natur in sich selbst einfach. Doch Kant, an den mich Ihre Position erinnert, hat das konsequenterweise nicht so gesehen, sondern er meinte, die Einfachheit sei eine «regulative Idee», mit der wir unsere Theorien stilisieren, aber ob die Natur in sich selbst einfach ist, wissen wir nicht.

J. A.: Möglicherweise braucht man bei den angeblich besonders einfachen Theorien, die alles erklären wollen, weniger bedruckte Seiten, um die Grundgleichungen wiederzugeben. Der Weg von den Grundgleichungen zu den physikalisch interpretierbaren Aussagen und dann weiter zu nachprüfbaren Resultaten wird dafür aber länger, und die Mathematik, die man zu ihrem Verständnis beherrschen muss, wird komplizierter. Nun darf man sich überlegen, was man lieber hat.

H.-D. M.: Lassen Sie uns in aller Kürze Ihr Wahrheitskonzept ansprechen. Sie sprechen an einer bestimmten Stelle nur von ‹Richtigkeit›. Zum Aufbau der formalen Logik ist aber die Dichotomie ‹wahr-falsch› unverzichtbar. Man sieht deshalb nicht so recht, wie man sie in der Physik abschaffen könnte, wenn doch die formale Logik in der Mathematik vorausgesetzt wird. Nehmen wir des Weiteren an, ich sage «Hier habe ich 5 Coulomb» gemessen. Wenn Sie die Frage nach der Wahrheit oder Falschheit dieses Satzes nicht mehr stellen können, können Sie auch kein Experiment machen. Die Frage ist, ob Sie an dieser Stelle immer noch den Begriff ‹Wahrheit› durch ‹Richtigkeit›, ‹Stimmigkeit› oder Ähnliches ersetzen können.

J. A.: Nein, das geht nicht. Tatsachenbehauptungen hängen am Wahr-falsch-Konzept.

H.-D. M.: Wenn Sie ‹wahr› für die Basis setzen und ‹richtig› für die Theorie verwenden, dann überträgt sich die Wahrheit nicht ‹nach oben›. Dies ist konsequent, wenn man am stark konstruktiven Charakter der Theorie festhält. Dazu passt natürlich, dass Sie in Frage stellen, ob wir uns der absoluten Wahrheit annähern, wie Popper gemeint hat.
Irgendwie erinnert mich Ihre Position an Hilary Putnam. Er hat den Begriff des ‹internen Realismus› erfunden. Realismus ist im Prinzip immer intern, das heißt, er ist relativ zu einem Theorieverständnis, bezieht sich jedoch auf die Realität und nicht auf einen Traum.

J. A.: Die Nähe zu Putnam ist nicht zu leugnen.

H.-D. M.: ‹Konstruktivismus›, wie Sie ihn verstehen, ist wohl nicht der Radikale Konstruktivismus, für den ‹Realität› eine Art Gelee ist, in den man den Löffel taucht. Bei Kant ist die Realität widerständig. Er hat die

Metapher vom Gerichtsverfahren eingeführt. Wir lesen nicht im ‹Buch der Natur›, sondern wir stellen inquisitorisch unsere Fragen an die Natur. Die Natur kann nur ‹ja› oder ‹nein› sagen.

J. A.: Der dargestellte Zugang ist zwar bis zu einem gewissen Grad konstruktivistisch und instrumentalistisch, aber er ist kein Radikaler Konstruktivismus. Viele Vorstellungen, die von Vertretern des Radikalen Konstruktivismus geäußert werden, lassen sich nicht gut auf die Physik anwenden. Wenn man im Zusammenhang mit der Physik von ‹Konstruktionen› spricht, dann sind nicht die speziellen Konstruktionen der jeweiligen Individuen gemeint, die sich von Person zu Person ändern können. Physik ist, auch was die Konstruktionen betrifft, ein Gemeinschaftsunternehmen, also nicht sehr radikal.

H.-D. M.: Die Alltagsphysik ist mit der Quantentheorie nicht verträglich. Um sich ihr Verhältnis klarzumachen, hat Heisenberg die Quantenwelt ausschließlich als eine Welt der Potenzialität aufgefasst, so ähnlich wie im ‹Radikalen Konstruktivismus›. Andererseits werden für ihn die potenziellen Eigenschaften im Experiment real. Die Quantenwelt hätte dann einen sehr reduzierten ontologischen Status. Sie wäre eine Art von Traum.

J. A.: Nun, die Bedeutung der Eigenschaften hat sich zwar stark geändert, aber ganz so extrem ist es doch nicht. In der Minimalinterpretation gibt es die Quantenwelt erst gar nicht und daher taucht auch das Problem nicht auf. Die Standardinterpretation wurde beim Photon daran geknüpft, dass ein bestimmtes Energiepaket unveränderlich vorhanden ist. Ein Photon ist stets zum Beispiel ein Photon des roten Lichts. Bei anderen Elementarteilchen, etwa den Elektronen, sind Masse, Ladung und Spin – wenn man nicht Quantenfeldtheorie betreibt – die stets vorhandenen, unveränderlichen Eigenschaften. Zur Abgrenzung von Quanteneigen-

schaften wie ‹Ort›, ‹Impuls› usw. werden sie klassische Eigenschaften genannt.
Ich habe die Polarisation von Photonen untersucht. Nur die Polarisation stellt in diesem Fall das Quantensystem dar, mehr nicht. Der Einfachheit halber habe ich mich auf lineare Polarisation beschränkt. Dann hat jedes Photon stets die klassische Eigenschaft, linear polarisiert zu sein. Man kann ihm in einem geeigneten Präparationsverfahren eine ganz bestimmte lineare Polarisation geben. Zum Beispiel kann die Auswirkung einer speziellen Messung darin bestehen, dass sie in horizontale oder vertikale Polarisation überführt. Das Messgerät zeigt das als Ergebnis an. Die Quanteneigenschaft, entweder horizontal oder vertikal polarisiert zu sein, hat das Photon erst nach der Messung. Vorher hatte es eine andere, dagegen gedrehte Polarisationseigenschaft, aber polarisiert ist es immer. Ich sehe also nicht, dass nur Potenzialität herrscht.

H.-D. M.: Wenn man Potenzialität näher bestimmt, dann heißt das, dass auch etwas ausgeschlossen wird. Potenzialität ist nicht gleich nichts.

J. A.: Das weist allerdings auf einen wichtigen Punkt hin. An meinem Quantensystem der Polarisationsrichtungen, dessen Zustand durch einen Vektor in der Ebene beschrieben wird – mehr Struktur ist nicht vorhanden -, kann man zum Beispiel keine Ortsmessung durchführen. Für dieses sehr reduzierte System lässt sich die Eigenschaft ‹Ort› nicht aktualisieren. Sie ist ausgeschlossen. Dies ist ein Punkt, der sich direkt aus der physikalischen Interpretation des mathematischen Schemas ergibt. Selbstverständlich wird man für gewisse Fragestellungen das System erweitern, so dass etwa Ortsmessungen beschrieben werden können.

H.-D. M. Warum wird der Welle-Teilchen-Dualismus, manchmal auch ‹Paradoxie› genannt, nicht in Ihrem Buch behandelt?

J. A.: Weil ich mich in dem Buch, wie schon gesagt, auf ein spezielles Quantensystem beschränkt habe, die lineare Polarisation. Das ist eines der vielen Systeme, auf die sich dieses Dualitätskonzept nicht anwenden lässt. Das zeigt schon seine sehr eingeschränkte Bedeutung.

H.-D. M.: Was ist denn eigentlich mit Welle-Teilchen-Dualismus gemeint?

J. A.: Zunächst eine Vorbemerkung: In vielen Lehrbüchern wird der Dualismus oder die angebliche Paradoxie überhaupt nicht erwähnt. Zum Verständnis der Quantentheorie trägt dieses Konzept offenbar wenig bei. Außerhalb der Physik wird es allerdings gerne schlagwortartig zur Charakterisierung der Quantenwelt verwendet und dabei oft missverstanden. Es geht dabei darum, die Ausbreitung etwa von Photonen von der Quelle zum Detektor mithilfe klassischer Bilder zu beschreiben. Man betrachtet sehr viele Photonen. Das Auftreten eines Interferenzbildes gilt als Kennzeichen einer Wellenpropagation. Wenn das experimentelle Resultat so aussieht, als ob alle einzelnen Photonen einem gewissen Weg gefolgt wären, wird das als teilchenartige Ausbreitung bezeichnet. Beide Situationen sind für Photonen möglich. Das ist die Dualität. Es ging Bohr darum, Bilder aus der klassischen Physik auf Quantenprozesse anzuwenden. Nach allem, was wir über das Verhältnis von Quantenphysik zu klassischer Physik wissen, sollte uns das allein schon hellhörig machen. Wichtig ist, dass es nur Bilder sind. Es werden mit ihnen keine ontologischen Aussagen verknüpft, wie zum Beispiel: «In manchen Situationen ‹ist› ein Photon ein Teilchen und in anderen ‹ist› es eine Welle.» Man kann auch nicht von Wellen- oder Teilcheneigenschaft sprechen, weil der Begriff Eigenschaft in der Quantentheorie ganz anders zu verstehen ist.

H.-D. M.: Dann bezieht man sich also nur auf die Form der mathematischen Beschreibung?

J. A.: Sollte man jedenfalls. Man muss sich immer wieder anhand des Zustandskonzepts klarmachen, was sich da ‹wellenförmig› in Raum und Zeit ändert: Das Quadrat der Amplitude an einem Ort ist die Wahrscheinlichkeit (relative Häufigkeit) dafür, dass sich bei einer Ortsmessung dieser Ort als Messergebnis einstellen würde, wenn diese Ortsmessung denn gemacht würde. Der Zusatz ist wichtig. Das ist jedenfalls keine Aussage über ein einzelnes Quantenobjekt. Die Messwahrscheinlichkeiten propagieren.
Die Dualität reduziert sich letztlich auf die simple Feststellung, dass verschiedene Präparationsverfahren zu strukturell verschiedenen Messergebnissen führen können. Das ist aber nicht typisch quantenmechanisch und schon gar nicht paradox. Entsprechendes gilt auch für die Aussage, dass sich manche Präparationsverfahren nicht gleichzeitig durchführen lassen und sich in diesem Sinn wechselseitig ausschließen.

H.-D. M.: Was wollte Bohr dann sagen?

J. A.: Bohr überzieht hier aus philosophischen Gründen. Er wollte ein weiteres Mal Quantenphänomene in der Sprache der klassischen Physik beschreiben: Interferenzbild (entspricht Welle) und Bahn (entspricht Teilchen). Das ist als abkürzende Sprechweise eher irreführend, aber doch unter der Bedingung zulässig, dass alle Gesprächspartner wissen, was genau gemeint ist, und nichts darüber hinaus assoziieren. Dass das eine klassische Bild, wenn es denn überhaupt anwendbar ist, das andere ausschließt und man zugleich auf keines verzichten kann, wurde von Bohr ‹Komplementarität› genannt. Bohr wollte dieses Konzept auf alles Wissen anwenden. Das machte für ihn Komplementarität so interessant.

H.-D. M.: Sie haben die Quantenmessung mit dem Fußballspiel verglichen. Beim Fußballspiel kann ich vorher nicht wissen, wie es ausgehen wird. Bei der Quantenmessung kenne ich ebenfalls vorher, von Spezialfällen abgesehen, das Ergebnis nicht. In beiden Fällen ist also die Zukunft offen. Der Unterschied ist, dass ich das Fußballspiel nachträglich rekonstruieren kann, aber den Zustand vor der Quantenmessung nicht. Ich kann bei der Einzelmessung auch nachträglich nicht sagen, warum sie gerade so ausgefallen ist.

J. A.: Die Geschichte eines einzelnen Quantensystems lässt sich im Allgemeinen nicht durch eine Messung erschließen. In diesem Sinne ist das System geschichtslos. Aber das ist noch nicht alles. Um auf eine weitere Besonderheit der Quantenwelt aufmerksam zu machen, könnte man überspitzt sagen: Isolierte Quantensysteme zeigen, dass es Realität ohne Zeit gibt. Im Quantenbereich ist eine zeitlose Existenz möglich. Wir haben ja in Kapitel 2 gesehen, dass Zeit durch Abzählen von Ereignissen eingeführt wird, die nicht umkehrbar sind. Ereignisse lassen sich mit Hilfe der klassischen Physik beschreiben. Man kann sie hören, sehen usw. Ein Beispiel ist das Klopfen auf den Tisch. Wenn wir nun in der Quantentheorie an das Schema Präparation, Transformation, Messung von Abschnitt 3.11 denken, dann ist das Anzeigen des Messergebnisses ein solches Ereignis. Es ist im Zusammenwirken mit dem Quantensystem entstanden. Die Transformationsdynamik enthält demgegenüber keine solche Ereignisse. Die Laboratoriumsuhr läuft weiter, aber das Quantensystem nimmt an keinem Ereignis teil. Dies ist ein für das Quantensystem zeitloser Bereich. Was sich gemäß Theorie mit der Laborzeit in umkehrbarer Weise ändern kann, ist der Quantenzustand. Aber dies besagt ja nur, dass sich die Wahrscheinlichkeiten für die Ergebnisse möglicher Messungen – wenn man sie denn durchführen würde – ändern. Die Messungen werden aber gerade nicht durchgeführt, solange die Transformationsdynamik aktiv ist. Weiterhin haben wir dem einzelnen Quantensystem in der Standardinterpretation Realität zugesprochen. Es liegt daher – überspitzt formuliert – Realität ohne Zeit bzw. eine zeitlose Existenz vor. Das ist ein weiterer, verblüffender Aspekt der Quantenwelt, den man noch genauer präzisieren müsste.

H.-D. M.: Sie sprechen von «zeitloser Existenz». In der Theologie ist zeitlose Existenz immer wieder als Symbol und Platzhalter der Ewigkeit Gottes aufgefasst worden. Das Problem ist dann, dass Gott in der Bibel der geschichtlich Handelnde ist. Also kann er nicht völlig außerhalb der Zeit sein. Ewigkeit als unendliche Dauer in der Zeit ist dagegen nicht dasselbe wie die Ewigkeit Gottes. Hegel nennt das mit Recht eine «schlechte Unendlichkeit».

J. A.: Erwartungsgemäß ist in der Quantenphysik die Sache viel einfacher. Zeitlose Existenz ist nicht mit unendlicher Dauer verknüpft. Sie kann jederzeit ‹von außen› durch einen Messeingriff beendet werden. Das ist zugleich der Unterschied zur zeitlosen Existenz von Zahlen, Funktionen, Mengen usw.

H.-D. M.: Sie sagen in Abschnitt 3.12 die Newtonsche Physik sei anschaulich, die Elektrodynamik schon nicht mehr und die Quantentheorie erst recht nicht. Ich bezweifle, dass die Newtonsche Physik anschaulich ist.

J. A.: Ich stimme Ihnen spontan zu. Man muss aber genauer erklären, was damit gemeint ist. Ich habe in Kapitel 3.12 gesagt, dass eine Erklärung üblicherweise als anschaulich gilt, wenn sie vollständig mit Mitteln der klassischen Mechanik gelingt. Dann ist natürlich die klassische Mechanik – wenn wir sie einmal herausgreifen – selbst anschaulich. Dabei dürfte es sich aber nur um das unter Physikern übliche Konzept der Anschaulichkeit handeln. Der Nicht-Physiker wird unter Anschaulichkeit eher verstehen, dass sich etwas auf die ihm vertraute Alltagsphysik zurückführen lässt. In diesem Sinn ist bereits die klassische Mechanik – von der

Quantenphysik gar nicht zu reden – unanschaulich. Sie beruht zum Beispiel darauf, dass isolierte Probeteilchen sich auf einer geraden Linie mit konstanter Geschwindigkeit bewegen. Wo hat man das im Alltag schon einmal gesehen? Dass sich die Forderung nach dieser Anschaulichkeit nicht erfüllen lässt, ist geradezu das Charakteristikum der physikalischen Methode. Ihr Erfolg beruht darauf, dass sie sich auf teilweise mit großem Aufwand präparierte Situationen bezieht.

H.-D. M.: Sie sagen mit Blick auf die Quantentheorie, dass ‹Verstehen› bedeutet, mit ihr praktisch umgehen zu können.

J. A.: Das ist nur ein Aspekt. Das reicht noch nicht. Ich will gar nicht erst versuchen, für den Rest eine Definition anzugeben, sondern beziehe mich auf die Praxis. An der Universität wird die Physik auf zwei verschiedene Weisen im Studium geprüft. Es gibt zum einen Klausuren. Das sind schriftliche Prüfungen, in denen Beispiele durchzurechnen sind. Hier wird gezeigt, dass man eine Theorie anwenden und mit ihr zu konkreten Ergebnissen kommen kann. Und zum anderen gibt es mündliche Prüfungen, die sind genauso wichtig. In ihnen kann man demonstrieren, dass man nicht nur etwas auswendig gelernt hat, sondern dass man in der Lage ist, Zusammenhänge herzustellen und Fragen zu beantworten, die ‹quer› zur üblichen Darstellung liegen. Hier kann man zeigen, ob man über das bloße Durchrechnen von Beispielen hinaus – was ja durchaus schon schwierig genug sein kann – die Theorie auch ‹verstanden› hat.

H.-D. M.: Dazu gehört auch ein reduziertes Sprechen.

J. A.: Unbedingt. Die Umgangssprache und auch die Sprache, mit der man sich in der klassischen Physik verständigt, lassen sich nicht einfach übernehmen. Das wird deutlich, wenn man an Wörter wie

Zustand, Eigenschaft, Messung usw. sowie ihren Gebrauch denkt. Man sollte daher eine gewisse Kargheit des Sprechens gelernt haben, zusammen mit der präzisen Verwendung vorher geklärter und abgestimmter Begriffe, die in einem anderen Kontext eine andere Bedeutung haben können. Auch ein Gefühl dafür, wann etwas Pseudotiefsinn ist, kann nicht schaden.

H.-D. M.: Seit der Antike heißt in der Philosophie ‹verstehen›, etwas auf etwas Bekannteres zurückführen. Zumindest die Quantentheorie schließt das aus. Hier sind die Erklärungsgründe nicht einsichtiger als das zu Erklärende.

J. A.: Sie können nur innerhalb der Quantenmechanik zurückführen. Die Quantentheorie selbst kann nicht auf die für uns einsichtigere Mechanik zurückgeführt werden.

H.-D. M.: Es scheint, dass der Substanzbegriff in der Quantentheorie nicht anwendbar ist. Dies scheint fundamental zu sein. ‹Substanz› bezeichnet so etwas wie ein ‹selbstständiges Ding›. Das Ding trägt die Eigenschaften. Es gibt nicht den Fall, dass die Substanz ihre Eigenschaften nicht hat, sondern wie in der Quantentheorie erst bekommt. In der Alltagsphysik ist das Ding ontologisch primär und die Eigenschaften sind sekundär, das heißt, zwischen ihnen herrscht ein ontologisches Gefälle. In der Quantentheorie hingegen spielt der Träger als der Repräsentant des Substantiellen eine, verglichen mit der klassischen Physik, weitaus geringere Rolle. Der wesentliche Grund dafür, dass der Substanzbegriff in der Quantentheorie seine zentrale Bedeutung verloren hat, ist wohl darin zu sehen, dass die Quantenphysik eine Physik der Relationen ist. Die physikalischen Erkenntnisse werden in Relationen ausgedrückt und Relationen sind keine Substanzen. In der klassischen Substanzvorstellung haben die Relationen ein schwächeres Sein. In der Quantentheorie scheint es gerade umgekehrt zu sein.

J. A.: Das sehe ich auch so.

H.-D. M.: Nun zu Ihrem Zitat von Pierre Boulez am Anfang von Abschnitt 4.4. Sie vergleichen den Übergang von der Tonalität zur Atonalität mit dem Übergang von der klassischen Physik zur Quantentheorie. Boulez täuscht sich aber, wenn er meint, dass es in der modernen Musik keine Tonalität mehr gebe.

J. A.: Gut, wenn man noch weitere Informationen über die Ansichten von Boulez hinzuzieht, dann wird möglicherweise klar, dass er gemeint hat, dass es heute in der Musik ausschließlich Atonalität gibt bzw. geben sollte. Dann würde diese Ausschließlichkeit in der Übertragung auf die Physik bedeuten, dass es keine klassische Physik mehr gibt, sondern nur noch Quantenphysik. Die Aussage von Abschnitt 4.4 ist, dass es in dem Sinne kein «Zurück» zur klassischen Mechanik gibt, als man die Quantentheorie nicht durch eine klassische Alternativtheorie ersetzen kann. Der Ansatz «Alles ist klassische Physik» misslingt. Bis zu welchem Grade der umgekehrte Ansatz «Alles ist Quantenphysik» Erfolg hat, wird ja dann in Kapitel 5 diskutiert.

H.-D. M.: Eine ganz andere Frage: Es wird immer gesagt, dass schon das Herausgreifen eines Systems eine gewisse Änderung der Natur zur Folge hat. Ich betrachte nicht mehr die Natur, wie sie sonst wäre, sondern ich habe sie schon präpariert. Kann man das sagen?

J. A.: Zur Beantwortung müssen wir das Problem etwas präzisieren und infolgedessen auch etwas technischer werden. Wir betrachten ein verschränktes System, beispielsweise das Zwei-Photonen-System. Dann gibt es zwei verschiedene Typen von Eingriffen an einem Teilsystem, durch die dieses System aus dem Gesamtsystem herausgegriffen wird: Wir können am Teilsystem eine Transformation durchführen, die durch die Transformationsdynamik beschrieben wird. Oder wir können eine Messung durchführen, die durch die Messdynamik beschrieben wird. Beim Transformationseingriff muss die Verschränktheit des Gesamtsystems nicht notwendig zerstört werden. Beim Messeingriff ist das anders. Er überführt das entsprechende Teilsystem in einen reinen Zustand. Alle vorher im Gesamtsystem vorhandenen Korrelationen werden zerstört. Infolgedessen ist das Gesamtsystem nicht mehr verschränkt. Erinnern wir uns: Messung ist Präparation. Der präparierende Eingriff am Teilsystem schneidet gewissermaßen dieses System perfekt vom Rest ab und isoliert es. Dadurch hat sich das Gesamtsystem natürlich geändert. Quantenmessungen sind starke Eingriffe.

H.-D. M.: In Ihrem Buch ist auch von ‹Emergenz› die Rede. ‹Emergenz› ist ein in den Geisteswissenschaften viel diskutierter Begriff. Im Zusammenhang mit der Begründung klassischer Eigenschaften aus der Quantentheorie stößt man erneut auf ihn. Ist damit dasselbe gemeint?

J. A.: Ich glaube nicht, dass man sich in der Physik mit diesem Wort auf die geisteswissenschaftliche Diskussion bezieht. Es ist wohl einfach die Übersetzung des englischen Wortes ‹emergence›: ‹Auftauchen›, ‹Entstehen› oder ‹Erscheinen›. Dabei ist das Wort ‹Auftauchen› aber irreführend, denn da taucht als klassische Welt nicht etwas auf, was schon vorher da war. Aber was ist ‹Emergenz› im Sinne von Theologie und Philosophie?

H.-D. M.: ‹Emergenz› ist ein sehr schwammiger Begriff. Ich fasse den Begriff der ‹starken Emergenz› so auf: Ein Ganzes kann Eigenschaften haben, die aus den Teilen in keiner Weise ableitbar sind. Oder aber: In einem Werdeprozess entsteht etwas Neues, das durch die Vorgeschichte in keiner Weise festgelegt ist. Der springende Punkt ist, dass etwas Neues entsteht. Der Zentralbegriff ist nicht der des ‹Nichtvorhersehbaren›, sondern der des ‹Neuen›, denn es gibt Dinge, die sind nicht vorhersehbar, aber dennoch nicht neu.

J. A.: Dann muss man, wenn man von der ‹Emergenz der klassischen Welt aus der Quantenwelt› spricht, differenzieren. Ich weiß ja, dass es Tische, Stühle und die ganze klassische Welt gibt. Das ist nicht neu. Das Problem ist die Ableitung dieser Existenz aus der Quantentheorie. Das dürfte man dann wohl nicht mehr als ‹Emergenz› bezeichnen. Eine andere Situation, an die man denken könnte, ist die, dass es Tische, Stühle usw. real (noch) nicht gibt. Dann laufen Prozesse ab, an deren Ende erst die klassische Welt als das Neue vorliegt. Das hat es genau einmal gegeben. Die Entwicklung aus dem extremen Frühzustand des Universums, in dem das Universum selber als ein Quantensystem aufzufassen ist, in einen Zustand, in dem klassisch beschreibbare Systeme vorhanden sind, könnte man dann mit einigem Recht als ‹Emergenz› bezeichnen.

H.-D. M.: Es gibt also eine Situation, in der man dem Problem nicht ausweichen kann. Aber dann haben wir eine Ähnlichkeit mit der Evolution. Auch dort ist die Frage, ob die Evolution imstande ist, Neues hervorzubringen, das in keiner Weise ableitbar ist aus der Vorgeschichte. Das Problem taucht auf beim Entstehen des Lebens und auch bei der Entstehung des Menschen. Beim Entstehen des Menschen geht es darum, ob wir ihm Freiheit und Vernunft zusprechen. Das nehmen wir einfach an. Aber diese Annahme ist in keiner Weise durch die Biologie plausibel zu machen. Die Entwicklung weist also Sprünge auf, in denen neue Qualitäten entstehen, und niemand weißt, wie das funktionieren soll.

J. A.: Wir können das analoge physikalische Problem bei der Evolution des Kosmos im Moment nicht befriedigend behandeln. Nur wird man es in der Physik nicht als grundsätzlich unbehandelbar bezeichnen. Vielleicht kann man die klassische Physik auf die Quantenphysik zurückführen.

H.-D. M.: ‹Grundsätzlich› ist tatsächlich die stärkere These. Im Fall der Reduzierbarkeit von Anthropologie auf Biologie hätte ich dagegen gute Argumente, in der Physik habe ich sie nicht.

J. A.: Es kann durchaus sein, dass es grundsätzlich nicht geht. Das Stichwort hierfür wäre ‹Selbstreferenzialität›. Mich wundert, dass diese Fragestellung im Zusammenhang mit der Quantentheorie bisher kaum analysiert wurde.

H.-D. M.: Ich möchte abschließend zu einem Punkt kommen, den wir schon mehrfach tangiert haben. Die fundamentale naturphilosophische Frage, die sich für mich in Bezug auf die Quantentheorie stellt, lautet, was wir eigentlich mit ‹Natur› meinen? Bei Ihnen erscheint Natur als das Zugrundeliegende oder Kant würde sagen «das Ding an sich», was allem Halt gibt, aber was wir direkt nicht erfassen können. Jetzt gibt es zwei Möglichkeiten: Entweder man sagt, wie Kant es tut, Natur ist unerkennbar, bleibt also immer draußen, oder aber man sagt, die Theorien, die wir bilden, geben einen gewissen Hinweis, wie Natur an sich sein könnte. Was ist Ihre Auffassung?

J. A.: Die Überlegungen zur Natur sind in meinem Text nicht sehr ausführlich. Ausgangspunkt ist in Abschnitt 2.6 die Beobachtung, dass wir Wirklichkeit nicht beliebig konstruieren können. Das wird uns bereits im Alltag immer wieder schmerzlich bewusst. Es gibt offenbar eine Instanz, die «nein» sagt. Man kann sie – wenn man denn will – als eine völlig andersartige Wirklichkeit auffassen, die gerade nicht nur eine neue Wirklichkeit einer weiteren Alternativtheorie oder so etwas Ähnliches ist, denn sie ist durch negative und nicht durch positive Aussagen bestimmt.
Wem diese ‹sehr ferne› Natur zu fern ist, der kann vielleicht sagen, dass die Natur der Träger der verschiedenen alternativen Wirklichkeiten ist. Diese würden dann – in jedenfalls sehr zurückgenommener und indirekter Weise – etwas über die so aufgefasste Natur

aussagen. Sie wären Aspekte. In dieser Sicht wird die Natur zwar nicht explizit in den einzelnen alternativen Theorien dargestellt, dennoch geben die Theorien in ihrer Gesamtheit etwas über Natur wieder.

H.-D.M: Aber die Frage stellt sich doch, ob die mathematische Beschreibbarkeit eine Eigenschaft der Natur oder lediglich unsere Art ist, Natur aufzufassen?

J. A.: Es hängt davon ab, wie reduziert die Auffassung von Natur ist. Die Instanz, die «nein» zu einem speziellen mathematisch strukturierten Wirklichkeitsansatz sagt, muss deshalb nicht selbst mathematisch strukturiert sein. Darüber wissen wir nichts. Wenn man aber Natur nicht so extrem als das ganz Andere auffasst und von der positiven Aussage ausgeht, dass Wirklichkeitskonzepte, die sich auf mathematisch formulierte Alternativtheorien beziehen, in der Tat gelingen, dann charakterisiert das in indirekter Weise auch die Natur. Ich möchte aber gerne noch betonen, dass ich wieder keine Möglichkeit sehe, eine Entscheidung zwischen der oben beschriebenen uns sehr ‹fernen› und der ‹etwas näheren› Natur zu treffen. Wir sind frei zu wählen.

H.-D. M.: Kant hat also die Philosophie der Physik im Prinzip richtig dargestellt. Er hat ja damals unglaublichen Anstoß erregt, dadurch, dass er sagte, die Natur sei von uns konstruiert. Zur Zeit der Newtonschen Physik hat ihm das keiner geglaubt.

J. A.: Kants ‹sehr ferne› Natur ist negativ bestimmt. Hat diese Auffassung eine Analogie in der Negativen Theologie, nach der es Gott gibt, aber man nichts von ihm wissen kann?

H.-D. M.: Es ist klar, das die Kantische Bestimmung einer Unerkennbarkeit des «Dinges an sich» oder wie Sie sagen, der «Natur», ein direktes

Analogon der Unerkennbarkeit Gottes ist oder vielleicht sogar genau dieselbe Sache. Für Kant sind drei Problemkreise wissenschaftlich nicht entscheidbar: Welt, Seele und Gott. Dies hieße, dass wir von der Physik her nichts über den religiösen Glauben aussagen können. Ob Gott existiert oder nicht, ist von der Physik her nicht entscheidbar.

J. A.: Dem stimme ich zu.

Anhang

Anmerkungen

1 Poincaré (1906), S. 33.

2 Wir greifen Ideen zur rationalen Rekonstruktion physikalischer Theorien auf, die von dem Physiker Günter Ludwig (1918–2007) vorgeschlagen wurden. Eine Einführung findet sich in Ludwig (1979) und Schröter (1996). Wir geben sie modifiziert und stark vereinfacht wieder.

3 Schröter (1990), S. 25.

4 Audretsch (2005) Kap. 10.2

5 Einstein et. al. (1935).

6 Elemente der Realität: «If without in any way disturbing a system, we can predict with certainty the value of a physical quantity, then there exists an element of physical reality corresponding to this physical quantity. This means that this physical quantity has a value independent of whether we measure it or not.» Einstein et. al. (1935).

7 Lokalität: «The real factual situation of system A is independent of what is done with system B, which is spatially separated from the former.» Einstein et. al. (1935).

8 Albert Einstein 1926 in einem Brief an Max Born: Einstein/Born (1969), S. 129.

9 In den letzten Jahren sind Quellen für einzelne Photonen entwickelt worden. Detektoren für einzelne Photonen mit und ohne Zerstörung des Photons bei der Detektion wurden gebaut. Sie sind wichtige Bauelemente der optischen Quanten-Informationsverarbeitung. Hinweise auf die Fachliteratur finden sich z. B. bei Munro et. al (2005).

10 «There is no quantum world. There is only an abstract quantum physical description. It is wrong to think, that the task of physics is to find our how nature is. Physics concerns with what we can say about nature.» Nach Petersen (1963), S. 12.

11 Brief von Wolfgang Pauli an Max Born: Einstein/Born (1969), S. 118.

12 Siehe z. B. Munro et. al. (2005)

13 Die hier beschriebenen Messungen sind nicht der allgemeinste Typ von Quantenmessungen. Die sogenannten *verallgemeinerten Quantenmessungen* sind nicht mehr mathematisch durch Projektionen beschreibbar. Für sie gilt die Bornsche Regel nicht (vgl. z. B. Audretsch (2005) Kap. 13).

14 Schrödinger (1935 b), § 7.

15 Die Zahlenwerte ergeben sich über die Quadrate der Längen der Projektionen. Man findet z. B. für $\alpha = 22{,}5°$: $\cos^2 \alpha = 0{,}85$, $\cos^2 (90° - \alpha) = 0{,}15$, $\cos^2 (45° - \alpha) = 0{,}85$, $\cos^2 (45° + \alpha) = 0{,}15$.

16 Wir müssen noch ein vermeintliches Schlupfloch schließen. Es lässt sich zeigen (vgl. z. B. Audretsch (2005)), dass man Quantenzustände nicht kopieren kann. Daher kann der Spion auch nicht den Zustand |V> zunächst auf andere Photonen übertragen, das ursprüngliche Photon unverändert an Bob schicken und dann an den Kopien ausmessen, dass Alice ein Photon im Zustand |V> zugeschickt hatte. Der Spion müsste für einen Informationsgewinn am weitergeleiteten Photon messen.

17 Bennett (1992).

18 Elizur und Vaidman (1993). Es handelt sich um eine sogenannte *Null-Messung*, vgl. Audretsch (2007), Abschn. 3.8. Es wird in diesem Zusammenhang gerne von *wechselwirkungsfreier Messung* gesprochen. Das ist irreführend. Wir werden in Kap. 5 betonen, dass Messung auf Wechselwirkung beruht.

19 Wolfgang Pauli in einem Brief vom 26. Juni 1952 an Erwin Schrödinger. Zitiert nach K. von Meÿenn (1994), S. 15.

20 Alternativtheorien beschreiben wir in Kap. 5 und in Anmerkung 34.

21 Der Komponist und Dirigent Pierre Boulez im SPIEGEL-Gespräch: *Der SPIEGEL* 33, S. 151 (2006).

22 «I am never content until I have constructed a mechanical model of the object that I am studying. If I succeed in making one, I understand; otherwise I do not. Hence I cannot grasp the electromagnetic theory of light.» Zitiert nach Mason (1953).

23 Das Zauberkunststück geht auf Lucien Hardy zurück. Für Einzelheiten und Literatur siehe Abschn. 7.5 von Audretsch (2007).

24 «I would not call that *one* but rather *the* characteristic trait of quantum mechanics.» Schrödinger (1935 a), S. 555.

25 Einzelheiten finden sich z. B. in Audretsch (2002).

26 Der Ausdruck Verschränkung geht auf Erwin Schrödinger zurück. Schrödinger (1935 b), S. 827.

27 Albert Einstein am 3. 3. 1947 in einem Brief an Max Born: Einstein/Born (1969).

28 Siehe Anmerkung 21

29 Einzelheiten finden sich z. B. in Audretsch (2002).

30 Einzelheiten finden sich z. B. in Audretsch (2005).

31 Bell (1964).

32 Clauser et. al. (1969).

33 Aspect et. al (1982).

34 Die *Bohmsche Mechanik* (Bohm 1952), die auch die *de Broglie-Bohm Theorie* genannt wird, ist eine echte *Alternativtheorie* zur unrelativistischen Standard-Quantentheorie, also nicht etwa nur eine neue Interpretation (vgl. Abschn. 2.5 und 2.6). Nach Konstruktion dieser Theorie macht sie identische empirische Aussagen (nicht weniger, aber auch nicht mehr), ist dabei allerdings theoretisch ganz anders aufgebaut und führt auf eine andere Wirklichkeit. Einzelheiten finden sich z. B. in Passon (2004). Die Bohmsche Mechanik ist eine nicht-newtonsche Theorie für die Bewegung von Teilchen, die als real angenommen werden. Jedes Teilchen hat stets einen wohlbestimmten Ort und fliegt auf einer bestimmten Bahn. Die Schrödingersche Wellenfunktion, das ist die Lösung der Differentialgleichung für die Transformationsdynamik, dient dabei als Führungsfeld. Messergebnisse werden über Zeigerpositionen abgelesen. Zeiger bestehen aus Teilchen. Das Verhalten realer Teilchen wird durch die Theorie beschrieben. Das ist stark verkürzt der Zugang zur *Quantenmessung*. Dabei werden keine über die Standard-Quantentheorie hinausgehende Aussagen gewonnen. Es ergeben sich wieder die gleichen Wahrscheinlichkeitsaussagen, die jetzt aber denselben Status wie Wahrscheinlichkeitsaussagen in der Statistischen Mechanik haben. Bei zwei Teilchen, die sich in einem verschränkten Zustand befinden, hängt die Bewegung eines Teilchens vom gleichzeitigen Ort des anderen Teilchens ab. So ergeben sich die EPR-Korrelationen. Die Bohmsche Theorie ist daher explizit *nicht-lokal*. Bisher konnte für sie keine überzeugende relativistische Verallgemeinerung formuliert werden. Das ist einer der Gründe, warum sie bei den allermeisten Physikern auf Ablehnung trifft. Daneben gibt es stärker metaphysikalisch orientierte Argumente wie nicht

«schön», nicht «einfach», führt auf eine «seltsame» Wirklichkeit, zu wenig ausgebaut, daher unpraktisch usw. Eine Entscheidung zwischen echten Alternativtheorien ist immer willkürlich. Wie wir in Kap. 2 gesehen haben, belegt das Vorliegen einer Wahlmöglichkeit, dass die erschlossenen Wirklichkeiten teilweise konstruiert sind. Darin wird in diesem Buch die Bedeutung der Bohmschen Mechanik gesehen.

35 Einzelheiten finden sich z. B. in Audretsch (2007) Kap. 7.7.

36 Selleri (1983), S. 105.

37 Bennett et. al. (1993).

38 Schrödinger (1935 b).

39 Zeh (1970), Zurek (1982), Joos und Zeh (1985).

40 Einzelheiten finden sich z. B. in Audretsch (2005).

41 Zur Zeit sind Makromoleküle aus 108 Atomen die größten Quantenobjekte, die sich so gut von ihrer Umgebung isolieren lassen, dass keine Dekohärenz auftritt. Sie können in einer Superposition präpariert werden und zeigen Materiewellen-Interferenz am Gitter (Hackermüller et. al. 2003). An Makromolekülen wird in der Wiener Arbeitsgruppe von A. Zeilinger darüber hinaus demonstriert, dass mit wachsendem Einfluss der Umgebung (Stöße von Gasteilchen) die Dekohärenz stärker wird und entsprechend die Interferenzfähigkeit abnimmt (Hornberger et. al. 2003).

42 Gerade weil das Forschungsprogramm als Programm weitgehend offen ist, ist es Ausgangspunkt für Spekulationen geworden. Eine besteht darin, dass man dem *Bewusstsein* des Beobachters eine besondere Rolle beim Messprozess zuweist. Zunächst ist festzuhalten, dass in der Standard-Quantentheorie der Beobachter ein außen stehender Beobachter ist. Wie in der klassischen Physik liest er nur die Messgeräte ab, die schon vorher die Messwerte angezeigt haben. Verlässt man die Standard-Quantentheorie, dann wird man mit dem ungelösten Messproblem konfrontiert. Es ist spekuliert worden – obwohl das bisher durch kein Experiment nahegelegt wird –, dass das Messproblem dadurch gelöst werden kann, dass man das Bewusstsein des Beobachters einbezieht. Es soll einen Einfluss auf das Ergebnis des Experiments haben. Der Beobachter, der nach Öffnung des Kastens hineinschaut, versetzt durch sein Bewusstsein Schrödingers Katze in den Zustand «lebt» oder «tot». Dazu ist ironisch gefragt worden, wie viel Promille Alkohol ein Beobachter höchstens haben darf, damit ihm diese Zustandsreduktion noch gelingt. Würde es auch reichen, dass eine Maus das Risiko auf sich nimmt und in den Kasten schaut? Die Problemstellung wird sinnvoll, wenn

man sie umdreht. Spielen quantenphysikalische Prozesse und nicht-lokale Zustände auf der materiellen Ebene der Gehirnaktivitäten, die mit Bewusstseinsprozessen korreliert sind, eine Rolle? Gemeint ist eine Bedeutung, die darüber hinausgeht, dass man chemische Prozesse letztlich quantenphysikalisch verstehen kann. Um das beantworten zu können, müssten wir mehr über das Gehirn wissen.

43 Zurek (2003), Schlosshauer (2004).

44 Everett (1957).

45 Vgl. Barrett (1999).

46 Esfeld (2007), Abschn. 3.3.

47 Primas (1996), S. 220.

48 Esfeld (2002), S. 79.

49 Vgl. Breuer (1997), Mittelstaedt (1998). Selbstreferentialität kann zu Widersprüchen führen. Ein Beispiel dafür ist der selbstreferentielle Satz «Diese Aussage ist falsch». Sowohl wenn der Satz wahr ist als auch wenn er falsch ist, führt er auf einen Widerspruch.

50 Mit Blick auf Selbstreferentialität und Gödels Theorem sagt Hawking über eine Theory of everything: «Some people will be very disappointed if there is not an ultimate theory, that can be formulated as a finite number of principles. I used to belong to that camp, but I have changed my mind.» (Hawking 2002).

51 Hegel (1959), S. 338.

Literatur

Weiterführende Literatur

Die Aufsatzsammlung Audretsch und Mainzer (1996) und Audretsch (2002) sind gute Ergänzungen zu diesem Buch auf einem teilweise etwas anspruchsvolleren Niveau. Experimentalphysiker, Theoretiker und Philosophen stellen dort Ergebnisse ihrer Forschung dar.

Die folgenden Hochschullehrbücher der Quantenphysik gehen in größerem Umfang auch auf konzeptionelle Fragen ein: D'Espagnat (1971), Ludwig (1979), Peres (1993), Primas (1981), Sudbery (1986), Omnès (1994), D'Espagnat (1995), Isham (1995), Bub (1997), Home (1997), Auletta (2000, mit vielen Literaturangaben), Audretsch (2005), Audretsch (2007).

Ein sehr umfangreicher, immer wieder aktualisierter bibliographischer Führer zu den Grundlagen der Quantentheorie findet sich im Internet: Cabello (2007).

Literaturverzeichnis

Aspect, A., Grangier, P. und Roger, G. (1982): «Experimental Realization of Einstein-Podolsky-Rosen-Bohm Gedankenexperiment: A new Violation of Bell's Inequalities». Physical Review Letters 49, S. 91–94.

Audretsch, J. und Mainzer, K. (Hgg.) (1996): «Wie viele Leben hat Schrödingers Katze?» 2. Auflage, Heidelberg: Spektrum, Akad. Verlag.

Audretsch, J. (Hg.) (2002): Verschränkte Welt – Faszination der Quanten. Weinheim: Wiley-VCH. Die englische Ausgabe Entangled World – The Fascination of Quantum Information and Computation. Weinheim: Wiley-VCH (2006) enthält zusätzlich den Artikel von R. Blatt «Quantum Information Processing: Dream and Realization».

Audretsch, J. (2005): Verschränkte Systeme – Die Quantenphysik auf neuen Wegen. Weinheim: Wiley-VCH.

Audretsch, J. (2007): Entangled Systems – New Directions in Theoretical Quantum Physics. Weinheim: Wiley-VCH. Übersetzung der überarbeiteten und ergänzten Fassung von Audretsch (2005).

Auletta, G. (2000): Foundations and Interpretation of Quantum Mechanics – In the Light of a Critical-Historical Analysis of the Problems and of a Synthesis of the Results. Singapore: World Scientific.

Barrett (1999): The Quantum Mechanics of Minds and Worlds. Oxford: Oxford University press.

Bell, J.S. (1964): «On the Einstein-Podolsky-Rosen paradox». Physics 1, S. 195–200.

Bennett, C.H. (1992): «Quantum cryptography using any two nonorthogonal states». Physical Review Letters 68, S. 3121–3124.

Bennett, C. H., Brassard, G., Crépeau, C., Jozsa, R., Peres, A. und Wooters, W. (1993): «Teleporting an unknown quantum state via dual classical and EPR channels». Physical Review Letters 70, S. 1895–1899.

Bohm, D. (1952): «A suggested interpretation of the quantum theory in terms of ‹hidden› variables». Physical Review 85, 166 und 180.

Breuer, T. (1997): Quantenmechanik: Ein Fall für Gödel? Heidelberg: Spektrum Akademischer Verlag.

Bub, J. (1997): Interpreting the Quantum World. Cambridge: University of Cambridge Press.

Cabello, A. (2007)»: Bibliographic guide to the foundations of quantum mechanics and quantum information». http://xxx.lanl.gov/abs/quant-ph/0012089

Clauser, J. F., Horne, M. A., Shimony, A. und Hold, R. A. (1969): «Proposed experiment to test local hidden-variable theories». Physical Review Letters 23, S. 880–884.

D'Espagnat, B. (1971): Conceptual foundations of quantum mechanics. Reading (Mass.): Addison-Wesley.

D'Espagnat, B. (1995): Veiled reality – an analysis of present-day quantum mechanical concepts. Reading (Mass.): Addison-Wesley.

Einstein, A., Podolsky, B. und Rosen, N. (1935): «Can quantum-mechanical description of reality be considered complete?». Physical Review 47, S. 777–780.

Einstein, A., Born, H. und M. (1969): Briefwechsel 1916–1955. München: Nymphenburg.

Esfeld, M: (2002): Einführung in die Naturphilosophie. Darmstadt: Wissenschaftliche Buchgesellschaft.

Esfeld, M. (2008): Naturphilosophie als Metaphysik der Natur. Frankfurt: Suhrkamp.

Everett, H. (1957): «‹Relative state› formulation of quantum mechanics». Review of Modern Physics 29, S. 454–462.

Hackermüller, K., Uttenthaler, S., Hornberger, K., Reiger, E., Brezger, B., Zeilinger, A. und Arndt, M. (2003): Wave nature of biomolecules und fluorofullerenes. Physical Review Letters 91, 90 408.

Hawking, St. (2002): «Gödel and the end of physics». http://www.damtp.cam.ac.uk/strtst/dirac/hawking.

Hegel, G. W. F. (1959): Vorlesung über die Geschichte der Philosophie I. Hg. v. H. Glockner, Stuttgart: Fromann.

Home, D. (1997): Conceptual foundations of quantum physics – an overview from modern perspective. New York: Plenum Press.

Hornberger, K., Uttenthaler, S., Brezger, B., Hackermüller, L., Arndt, M. und Zeilinger, A. (2003): Collisional decoherence observed in matter wave interferometry. Physical Review Letters 90, 160 401.

Isham, C. J. (1995): Lectures on Quantum theory – Mathematical and Structural Foundation. London: Imperial College Press.

Joos, E. und Zeh, H. D. (1985): The Emergence of Classical Properties through Interaction with the Environment. Zeitschrift für Physik – Condensed Matter 59, S. 223–243.

Ludwig, G. (1979): Einführung in die Grundlagen der Theoretischen Physik, Bd. 1–4. Braunschweig: Vieweg.

Mason, S. F. (1953): A History of the Sciences. London: Routledge and Kegan Paul LTD, S. 391–392.

Meÿenn, K. von (Hg.) (1994): Quantenmechanik und Weimarer Republik, Braunschweig: Vieweg.

Munro, W. J., Kal Nemeto, Beausoleil, R. G. und Spiller, T. P. (2005): «High-efficiency quantum-nondemolition single-photon-number resolving detector». Physical Review A71, S. 033 819.

Mittelstaedt, P. (1998): The Interpretation of Quantum Mechanics and the Measurement Process, Cambridge: Cambridge University Press.

Omnès, R. (1994): The Interpretation of Quantum Mechanics. Princeton: Princeton University Press.

Passon, O. (2004): Bohmsche Mechanik. Frankfurt/M.: Verlag Harry Deutsch.

Peres, A. (1993): Quantum Theory: Concepts and Methods, Dordrecht: Kluwer Academic Publishers.

Petersen, A. (1963): «The Philosophy of Niels Bohr». Bull. of the Atomic Scientists 19, (Heft 7), S. 8–14.

Poincaré, H. (1906): Der Wert der Wissenschaft. Leipzig.

Primas, H. (1981): Chemistry, Quantum Mechanics and Reductionism. Berlin: Springer-Verlag.

Primas, H. (1996): «Zur Quantenmechanik makroskopischer Systeme». In: Audretsch und Mainzer (1996), S. 211–243.

Schlosshauer, M. (2004): «Decoherence, the measurement problem and interpretations of quantum mechanics». Review of Modern Physics 75, S. 1267–1305.

Schrödinger, E. (1935 a): «Discussion of Probability Relations between Separated Systems». Proceedings of the Cambridge Philosophical Society 31, S. 555–563.

Schrödinger, E. (1935 b): «Die gegenwärtige Situation in der Quantenmechanik». Naturwissenschaften 23, S. 807–812, 823–828, 844–849.

Schröter, J. (1990): «Das L-Konzept physikalischer Theorien». Praxis der Naturwissenschaften – Physik, 2/39, S. 20–27.

Schröter, J. (1996): Zur Meta-Theorie der Physik. Berlin: de Gruyter.

Selleri, F. (1983): Die Debatte um die Quantentheorie. Braunschweig: Vieweg.

Sudbery, A. (1986): Quantum mechanics and the particles of nature. Cambridge: Cambridge University Press.

Zeh, H. D. (1970): On the Interpretation of Measurement in Quantum Theory. Foundations. of Physics 1, S. 69–76.

Zurek, W. H. (1982): Environment-induced superselection rules. Physical Review D26, S. 1862–1880.

Zurek, W. H. (2003): «Decoherence, einselection and the quantum origins of the classical». Review of Modern Physics 75, S. 715–775.

Anschriften der Autoren

Prof. Dr. Jürgen Audretsch
Fachbereich Physik
Universität Konstanz
Postfach M673
D-78 457 Konstanz
juergen.audretsch@uni-konstanz.de
http://www.audretsch.uni-konstanz.de

Prof. Dr. Hans-Dieter Mutschler
Probusweg 5
CH-8057 Zürich
hdmutschler@bluewin.ch

Register